◎历史文化城镇丛书

典型地区历史文化名镇传统公用与环境设施调查及传承利用研究

单彦名　赵亮　李志新　高朝暄　等编著

中国建筑工业出版社

编写单位

中国建筑设计院有限公司城镇规划院历史文化保护规划研究所

研究指导

李　宏

顾问团队

赵　辉　冯新刚　李　霞　杜白操　徐　冰　冯志行　李青丽

前期协调

高朝暄　高　雅

编写人员

单彦名　赵　亮　李志新　高朝暄　高　雅　郝　静　袁静琪　赵　林
连　旭　田家兴　姜青春　陈志萍　杨　超　佘云云　王　浩　梅　静
王汉威　徐进进　俞　涛　宋文杰　刘　闯　王恩荣　苏志朋

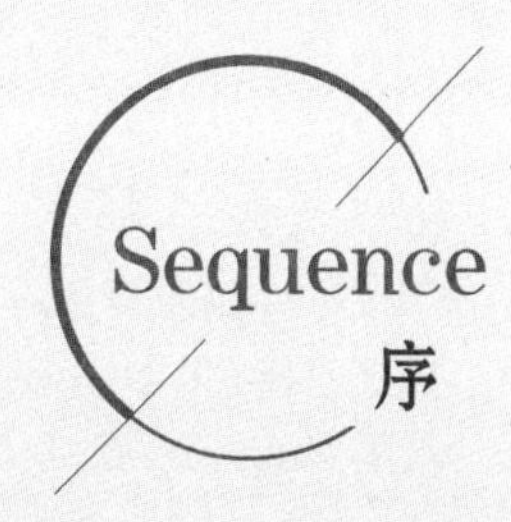

随着我国城镇化建设进程的加快，历史文化村镇的保护和发展面临着前所未有的考验和机遇。我国从2003年起开展对历史文化村镇保护工作至今，虽然各级领导政府及众多学者、设计人员已经开始重视并开展相关工作，但多集中于整体风貌、传统建筑、特色文化等方面资源的挖掘和保护，对传统生产和生活密切相关的公共设施关注较少。然而，这部分与原住民生产生活联系密切的公用与环境设施，凝聚了中国劳动人民千年的智慧。

本书对历史文化村镇传统公用与环境设施的研究，关注村镇文化与环境建设，是在以往关注民居、历史建筑的基础上进行的专题深入研究，更加关注村镇文化建设和设施体系建设，具有系统性和现实意义。在对我国典型地区历史文化名镇调查的基础上，分析传统公用与环境各类设施的基本情况、价值特色、现状问题、保护技术和发展潜力，最终形成多种类型设施的传承与利用策略和技术。对改善历史保护区人居环境、保护历史文化名镇特色、弘扬中国传统文化具有重大的意义。

中国建设科技集团科技质量部主任　李宏

2016年4月12日

Preface 前言

本书是中国建筑设计研究院（集团）2014年度启动的科技创新基金项目：历史文化名镇传统公用与环境设施传承与利用关键技术研究（项目编号：Z2014J02）的成果之一，是以调查我国典型地区历史文化名镇内的传统公用与环境设施为基础，对其保护和发展的关键技术进行的深入研究。

目前，针对我国传统公共与环境设施的研究基本属于起步阶段，对其关键技术传承和应用的研究更是少之又少。然而，从“九五”规划时期开始，国家已经设立专项资金用于补助历史文化名镇名村基础设施的改善工作，且资金投入稳步增长。2013年中央城镇化工作会议中提出的“让居民望得见山、看得见水、记得住乡愁”，引起了社会各界对历史文化保护与传承的重视，传统公用与环境设施就是乡愁的重要载体。因此，如何活态保护并使其在现代生活中发挥作用，是历史文化保护工作者的重要使命，也是本书得以形成的重要原因，希望本书能对我国传统公用与环境设施的传承与利用工作起到一定指导借鉴作用。

本书在编制过程中得到多位专家及学者的悉心指导，尤其得到中国建筑工业出版社唐旭及杨晓两位编辑的大力支持，在此对他们的工作和对本书的帮助表示衷心感谢。此外，由于历史文化名镇传统设施研究尚处起步阶段且内容庞杂，编者对其认识难免有不足之处，书中引用的材料已标明出处，如有遗漏，谨请指正。希望在历史文化名镇保护研究领域与大家携手共进！

Contents
目 录

Chapter 1
第1章 绪论

◀广西壮族自治区鹿寨县中渡镇

在现代化建设的浪潮中，一些优秀的传统资源没有被传承和发扬，反而处于被遗弃和破坏的境况。纵观近年城市与乡村的建设，千城一面、千村一面的现象屡见不鲜，虽然政府及众多学者、设计人员已经开始重视对特色资源的保护，但多集中于整体风貌、传统建筑、特色文化等方面，对于人们传统生产和生活密切相关的公共设施关注较少，这些设施的重要价值也没有得到充分的认识。因此，本书调查了典型地区历史文化名镇内尚存的传统公用与环境设施，研究其在现代生活中传承利用的关键技术，以实现持续保护的目的。

1.1 研究背景

随着我国城镇化速度的不断加快，历史文化村镇的保护与发展面临着前所未有的挑战。我国历史文化名镇中保留了大量的传统公用与环境设施，它们凝结了先人的智慧，并且一些设施至今仍在发挥作用，对当今改善居住环境、提升生活质量等方面有重要借鉴意义。

目前我国对于传统公用与环境设施的研究属于起步阶段，对其在现代化建设中的传承与应用研究更是少之又少。然而，从"九五"规划时期开始，国家已经建立专项资金制度补助历史文化名镇名村基础设施的改善，如路面硬化、给水管网建设、电路改造等，且投入资金稳步增长（国家历史文化名城专项保护资金"九五"期间每年拨款3000万，由国家计委、财政部每年各承担1500万。其中，国家计委专项补助与历史街区保护工程相关的公共基础设施建设，财政部专项补助有关的修缮保护项目。2002年开始，连续5年国家发改委每年拨付1500万元作为专项保护资金[①]）。但是对于基础设施的改造，基本是进行现代设施的改造建设，一方面由于现代基础设施能快速有效提升原住民的生活环境及生存状态，另一方面也是因为我国对于传统公用与环境设施保护及传承方面研究较少，缺乏相关技术指导传统设施的改造。

① 仇保兴主编. 风雨如磐——历史文化名城保护30年.

1.2 研究的目的及意义

2013年中央城镇化工作会议中提出“让居民望得见山、看得见水、记得住乡愁”，传统公用与环境设施就是乡愁的载体。本书选取不同典型地区，收集、分析和发现历史文化名镇传统公用与景观设施的基本情况、价值特色、现状问题、保护技术和发展潜力，研究制定历史文化名镇中多种类型传统公用与环境设施保护利用的关键技术，分析评价其各方面效益。同时，研究典型传统公用与环境设施的适用范围，及其在新型城镇化建设中的传承利用方式、规划设计技术和适用性改善技术，有效促进历史文化名镇的整体性、真实性和延续性保护。

开展传统公用与环境设施传承与利用技术研究，重点研究我国历史文化名镇的传统公用与环境设施在现代化生活中传承利用的关键技术，将其纳入村镇整体保护中，从而使传统设施得到活态保护，解决历史文化名镇传统设施保护与现代生活需求的矛盾，对改善历史保护区人居环境、保护历史文化名镇特色、弘扬中国传统文化具有重要意义。

1.3 研究对象的界定

1.3.1 历史文化名镇

本书所指的历史文化名镇，是住房和城乡建设部与国家文物局从2003年开始至今评选出的共6批252个国家级历史文化名镇以及各省自评并公布的省级历史文化名镇。

1.3.2 传统公用与环境设施

1. 相关概念

传统公用与环境设施属于非法定名词。与此相关的法定概念有公共设施、公共基础设施、市政公用设施、公共环境设施和环境设施等。

公共设施是由政府提供属于社会的公众享用或使用的公共物品或设施，如公共行政设施、公共信息设施、公共卫生设施、公共体育设施、公共文化设施、公共交通设施、公共教育设施、公共绿化设施等。公共设施既包括物质工程，又包括非物质工程[①]。

基础设施是指为社会生产和居民生活提供公共服务的物质工程设施，是用于保证国家或地区社会经济活动正常进行的公共服务系统。基础设施包括交通、邮电、供水供电、商业服务、科研与技术服务、园林绿化、环境保护、文化教育、卫生事业等市政公用工程设施和公共生活服务设施等[②]。

市政公用设施属于城市用地分类标准里的名词，范围包括城市道路及其设施、城市桥涵及其设施、城市给水排水设施、城市防洪设施、城市道路照明设施、城市建设公用设施（供水、供气、供热、供电等）等。在镇规划标准里面没有公用设施这个说法，只有工程设施用地[③]。

公共环境设施一词源于英国，英语为street furniture，直译为“街道的家具”；在欧洲称为urban element，直译为“城市家具”或“城市元素”；在日本则被理解为“步行者道路的家具”，也称为“街具”[④]。而我国主要指在城市公共环境空间中满足人们在进行户外活动时所需要的用具，是户外公共空间的主要构成要素，也是营造充满人文关怀氛围的社会环境的重要元素[⑤]。

2. **本书对传统公用与环境设施的界定**

本书研究的传统公用与环境设施接近现代市政公用设施与公共环境设施，目前学术界没有公认的概念，因为历史年代、社会生产力、产业结构等因素的不同，本书主要研究历史上为社会生产和居民生活提供公共服务，并构成户外公共活动空间的设施。

1.3.3 传统公用与环境设施的内涵

与传统生产生活密切相关的公用与环境设施主要有：

给水排水设施：由于生产力水平的限制，传统给水排水设施常常分成三大部分，即取水、引水、排水，并贯穿于传统生活的各个方面。

交通运输设施：主要指道路街巷、河道水街、码头桥梁等陆路、水陆交通设施及其相关的船埠、水闸、路亭驿站等配套设施。

---

① 住房和城乡建设部．城市用地分类与规划建设用地标准（GB50137-2011）．2011．
② 朱建达，孙群等．村镇基础设施规划与建设．南京：东南大学出版社．2008．
③ 住房和城乡建设部．城市用地分类与规划建设用地标准（GB50137-2011）.2011．
④ 张莹．城市街道公共环境设施的形态设计研究[D]．南京理工大学，2008．
⑤ 张珂．城市公共环境设施中坐具设计的配置研究[D]．西北大学，2012．

生产生活设施：主要指传统农业设施，如耕作设施，水车、引水渠等；农业加工设施，晒场、磨坊等；传统生产加工类设施，烧制陶瓷、造纸等传统手工业加工相关的窑厂、水碓和农业种植公用的水渠、水坝等设施。

防灾防御设施：主要指自然灾害防御设施，如水塘、防洪防涝堤、山体护坡等。战争防御设施，如护城河、城墙堡寨、藏兵洞等。

文化环境设施：由信仰设施和文化设施构成，基本内容包含寺院、宗祠、风水塔、戏台等设施。

1.4 整体框架

本书对传统公用与环境设施的研究是建立在对我国典型地区历史文化名镇调查的基础上，首先分析了影响传统公用与环境设施在历史文化名镇分布的因素及分布情况，结合历史文化名镇在我国的分布，将全国分为4个区域分区调查；在此基础上分析各类设施的基本情况、价值特色、现状问题、保护技术和发展潜力；最终研究制定历史文化名镇中多种类型传统公用与环境设施保护利用的关键技术。

◆ **传统公用与环境设施研究框架**　　**表1-1**

第一部分	第二部分	第三部分
前期研究	调查及分析	保护发展研究
调研区域的划分研究 调研对象及内容确定	典型地区调查 价值特色分析 现状问题总结	传承利用策略 传承利用技术 案例经验借鉴

Chapter 2 第2章 调查工作概述

◀江西省婺源县江湾镇汪口村

2.1 调查前期研究

2.1.1 调查工作的总体思路

中国历史文化名镇，是由住房和城乡建设部和国家文物局自2003年共同组织评选，旨在保护、继承和发扬我国优秀历史文化遗产，弘扬民族传统和地方特色。截至2015年，已公布六批共252个中国历史文化名镇。本次调查在国家及部分省级历史文化名镇的基础上研究其空间分布情况，并对影响各类传统公用与环境设施分布的因素进行分析，最终确定典型区域及调研对象。

前期研究工作主要内容包括：

（1）确定调查研究方法；

（2）研究影响传统设施类型分布因素；

（3）划分典型地区区域；

（4）筛选调查名单；

（5）明确调查内容。

2.1.2 调查研究方法

目前，对历史文化村镇传统公用与环境设施的保护，往往容易忽略其自身的文化价值特色，追求城市化、现代化的效果。这种做法虽然能快速解决历史文化村镇内设施落后的问题，但同时也造成村镇特色价值的丧失。本书通过以下方法，在提升历史文化村镇人居环境的前提下，开展传统公用与环境设施的调查研究工作，以期促进历史文化村镇的全面保护。

1. 文献研究方法

通过查阅地方史料、当地文献等方式，深入了解各区域传统村镇的发展背景和各时期历史文化村镇的形态特征；通过对地方自然气候、地理环境、传统文化等特点的分析，总结其传统公用与环境设施存在的因素。

2. 实地调研法

通过实地查看、拍照、测绘等方式，掌握传统村镇的形态、保存情况等，总结分析特色价值，熟悉掌握历史文化村镇传统生活内容，分析得出对应传统基础设施的体系构成、基本工艺与保存现状。

3. 访谈法

通过对当地居民、老人等访谈，了解各个历史时期村镇内基础设施的修建状况与工艺，掌握历史文化村镇传统设施在当地生活中的使用情况，访谈原住民对传统设施保护及传承的态度，总结存在的主要问题和矛盾。

2.1.3 影响传统公用与环境设施类型分布的主要因素

村镇形态的形成受到特定自然地理条件以及人文社会因素的影响①。村镇中公用与环境设施是本地区自然、地理、人文和历史特点的具体体现。例如在自然环境的影响下长江中下游地区河流水道纵横，水运业得到充分发展，沿河修建码头、桥梁、河闸等设施样式齐全、形态多样，也成为水乡村镇的独特景观②；太行山地区连接中原汉文化与西北游牧民族文化，是沟通晋冀的咽喉要道，聚集了以关隘式为主的传统村镇③；西部地区各民族融合，文化多样，深刻影响着这地区的村镇布局、建筑样式等④。综合以上，将影响公用与环境设施类型分布的主要因素概括为以下几项：

◆ 影响传统公用与环境设施类型分布的主要因素　　表2-1

因素类型	具体因素	具体特征描述分析
自然环境	地理气候	东北、华北地区纬度高，气候寒冷干燥；长江地区气候湿润多雨；东南沿海地区纬度低，气候炎热多雨；西南地区海拔较高，气候多变；西北地区远离海洋，气候干燥
	地形地貌	水乡型村镇多沿河呈带状布局，河街相邻，水陆平行；平原型村镇呈“十”字形骨架，建筑排列有序，街巷相互垂直；山地型村镇建筑起伏大，形态灵活多变；高原型村镇与自然环境紧密融合，布局紧凑⑤

① 彭一刚．传统村镇聚落景观分析．北京：中国建筑工业出版社，1992：5-21.
② 李百浩，万艳华．中国村镇建筑文化．武汉：湖北教育出版社，2008：49-56.
③ 辛亚，王晓军，霍耀中，白钊义．山西省传统村落空间分布格局分析．江西农业学报，2015.27：138-142.
④ 赵济，陈传康．中国地理．北京：高等教育出版社，1999．341-354.
⑤ 赵勇．中国历史文化名镇名村保护理论与方法．中国建筑工业出版社．2008．60-63.

续表

因素类型	具体因素	具体特征描述分析
社会文化	宗法伦理	自周代开始确立了严格的宗法等级制度，随着不断调整完善形成一套完整的伦理道德观念，深刻影响着传统村镇的建设，大至村镇空间布局，小至住宅布局及装饰
	宗教信仰	历史文化村镇建设不仅受到儒家伦理道德观念的影响，也受到宗教信仰的影响（以佛教、道教、伊斯兰教、基督教和地区原始宗教为主）。这些宗教为了在当地得到更好的发展，适应本地特色、结合本教特色，发展出独具特色的宗教建筑、空间与景观
	堪舆观念	中国古代堪舆观念强调了人、建筑、环境三者之间和谐平静的关系，利用环境的优势，通过村镇建设和设施的设置避免环境劣势
	生活习俗	受到地理位置、环境气候的长期影响，各个地区的生活习俗有很大区别，同时也影响到公用与环境设施的形成和形态
历史功能	传统农耕	传统设施以传统农耕或渔业为主，封建社会的正统文化儒家思想与民间乡土文化混合
	军事防御	选址通常在地势险要或位于交通要道之上，为抵御外敌入侵设计了如“丁”字形路口、狭窄的巷道、耸立的城门、坚固的瓮城等一系列传统防御设施，并且结合峭壁、悬崖、河流等有利地形建设易守难攻的城池
	商贸交通	手工业生产、商业、采矿业设施较为集中，多有相应交通设施配套，有利于商贸活动的进行。同时，部分军事防御型村镇在失去原有军事意义后，利用其高效的交通，发展成为商贸物资集散地
	文化宗教	依靠历史事件、名人故居、宗教信仰而发展起来的村镇，具有特定的设施，且具有较强的代表性

2.1.4 典型地区区域划定

1. 目前国内关于历史文化村镇典型地区的研究有以下几类代表性观点：

（1）胡海胜等在2008年发表的《中国历史文化名镇名村空间结构分析》运用空间结构的研究方法，综合分析了名镇名村的省际分布、区域分布的结构特征，并测定了总体结构类型和各省份的分布类型。在此基础上，提出以古村镇为代表的中国农村聚落可分成北方、南方和西部三大区域系统。其中，北方系统分为东北区、长城区、黄土高原区、华北区4个聚落区；南方系统分为长江中下游区、江南丘陵区、东南沿海区、西南区4个聚落区；西部系统分为北方牧业区、西北区、青藏区3个聚落区①。

（2）周旭等在2011年发表的《基于地域性的中国历史文化名镇的特征分析》从中国历史上重大的社会经济文化现象及事件入手，结合对地理地形的分析，以及不同时期的社会经济文化影响等多方面因素，将以古村镇为代表的中国农村聚落分成北方、南方和西部三大区域系统。北方分为东北和华北片区，南方分为华中和华南片区，西部分为西北和西南片区②。

（3）李亚娟等在2013年发表的《中国历史文化名村的时空分布特征及成因》结合现有传统村镇空间分布特点，以及河流水系、区域文化和地理交通等影响村镇形成的因素，运用ArcGIS分别进行数字化分析，研究得出古村镇的形成与河流水系有较强联系；古村镇的发展较多受地理交通和政治经济的影响；同时地域文化深刻影响着村镇的风貌特色等结论。在全国范围内，历史文化名村的分布形成3个集中区、3个相对集中区和4大过渡扩散区，孕育了6个文化区。其中，3个集中区主要为山西省、中东部的安徽省和华南的广东省；相对集中区为华北的河北、华东的浙江、中南部的江西③。

（4）陈征等在2012年发表的《我国历史文化村镇的空间分布特征研究》结合现有历史文化名镇名村空间特点、自然地理特点，运用ArcGIS数字化分析手段，从定性、定量两方面对古村镇聚集特点进行分析，得出中国历史文化村镇呈组团状凝聚分布格局，全国半数以上的历史文化村镇集中在晋、浙、粤、闽、苏、赣、川、皖等8个省，分布密度较高的区域为苏浙沪皖交界地区、川黔渝交界地区、晋中南地区和珠三角地区④等结论。

2. 典型地区划定

历史文化村镇传统公用与环境设施的形成、分布和发展受到地理环境、社会文化、功能差异等因素影响的同时，也会有较强的地域性特色。本书不仅针对传统公用与环境设施在现代生活中传承与利用的技术进行研究，而且针对不同地区公用与环境设施的地域特色进行研究。

综合国内目前对历史文化村镇分布的研究和传统公用与环境设施的形成与分布影响因

---

① 胡海胜，王林. 中国历史文化名镇名村空间结构分析. 地理与地理信息科学，2008，3（24）：109-112.
② 周旭，何兆阳，金熙，王燕，王峰. 基于地域性的中国历史文化名镇的特征分析. 中南林业科技大学学报，2011，31（6）：212-216.
③ 李亚娟，陈田，王婧，汪德根. 中国历史文化名村的时空分布特征及成因. 地理研究，2013，8（32）：1477-1485.
④ 陈征，徐莹，何峰，唐京华. 我国历史文化村镇的空间分布特征研究. 建筑学报，2013（9）：14-17.

素，调查将划分四大典型地区：晋冀豫等北方地区、苏浙沪皖等中东部地区、川黔云等西南地区、闽粤琼等东南地区。

◆ 典型地区区域划分 表2-2

典型地区	区域特点
晋冀豫等北方地区	主要包括山西、山东、河南、河北等历史文化遗产丰厚的地区，古镇众多并且富有浓厚的文化色彩，不仅有典型北方合院景观，而且大多古镇兼具防御外敌的功能
川黔云等西南地区	主要包括四川、重庆、贵州、云南、湖南等地区，地处文化交流碰撞地区，社会形态多样，商品经济发达，逐渐形成以交通枢纽为主的古镇形式
苏浙沪皖等中东部地区	主要包括江苏、浙江、安徽、上海等中国古代商业与文化高度发达的地区，加之其地处水网地区，水上交通发达，古镇富有深厚的地域特色，并且兼具水运商贸重要节点的功能
闽粤琼等东南地区	主要包括福建、广东、广西等地区，在南宋中国经济文化中心南移后兴起，并且由于其地理位置相对开放，与外界交流密切，兴起了众多商业文化型集镇

2.2 调查对象及内容

历史文化名镇是传统公用与环境设施的载体，是其产生和延续的根本，对于传统公用与环境设施的调查与研究是建立在对历史文化名镇情况调研及分析的基础上的。因此，本书研究调查的内容分为历史文化名镇概况调查、传统公用与环境设施调查两部分。

2.2.1 历史文化名镇概况调查

对于名镇概况调查，主要分为基本概况、社会概况、空间概况三部分。基本情况涵盖了资源、环境、历史、现状等多方面内容，可以全面了解调查村镇的整体情况。同时，社会概况包含历史沿革、重要事件、生产生活等内容，概括了历史与现代的社会情况，为快速掌握调研地区的文化与历史提供了必要的条件。历史文化名镇的空间概况部分主要包含选址、空间结构等具体内容，是社会、经济、文化、政治、环境等要素综合作用的结果。

◆ 历史文化名镇概况调查表　　表2-3

分类	包含内容	具体内容
基本概况	区位	所在城市
		周边城市
		区域交通
	规模	人口
		占地
		文物历史建筑所占比例
社会概况	历史状况	历史沿革
		主要宗族或名人名事
	民俗	生产
		生活
		其他
空间概况	自然条件	地理气候概况
		选址
	空间格局	空间结构
		空间肌理

2.2.2　传统公用与环境设施调查

结合对各批次中国历史文化名镇申报材料的研究，特别是《中国历史文化名镇（名村）基础数据表》的研究，制定了传统公用与环境设施统计表，将调查内容分成大类、小类和具体内容三部分，包含传统文化名镇内给水排水、交通运输、生产生活、防灾防御、文化景观五个方面，并列举了部分典型设施，可以直观有效地将调研区域内存在的传统设施进行统计并分类。

◆ 传统公用与环境设施统计表 表2-4

大类	小类	具体内容
给水排水设施	取水设施	□古井 □泉 □地表水池 □溶洞 □水车 □其他______
	排水设施	□排水沟涵 □水街巷 □污水渠 □净化池塘 □排水口 □其他______
	引水设施	□灌溉水渠 □镇区暗渠 □镇区明渠 □专用引水渠 □其他______
交通运输设施	陆运交通	□驿道 □路亭 □驿站 □传统街巷 □其他______
	水运交通	□河道 □码头 □水闸 □船埠 □避风港 □古桥 □水街 □其他______
生产生活设施	农业设施	1. 传统耕作类型：□水田 □梯田 □旱田 □圩田 □其他______
		2. 传统耕作设施：□水车 □引水渠 □农业水井 □水塘 □水库 □堤坝 □其他______
		3. 传统农业生产加工场地：□晒场晒台 □传统加工场 □磨坊 □粮仓 □地窖 □其他______
	手工业生产设施	□制瓷作坊 □造纸作坊 □酿酒厂 □砖窑 □烤烟房 □其他______
防灾防御设施	防洪防涝设施	□镇域排洪沟 □防涝池塘 □防洪堤 □其他______
	防火设施	□消防池 □消防水缸 □其他______
	防御设施	□城墙 □城门 □护城河 □地道暗道 □藏兵洞 □水寨 □堡寨寨门 □防御碉楼 □烽火台 □其他______
	其他防灾设施	□护坡 □护林 □其他______
文化景观设施	信仰设施	□寺院 □教堂 □宗祠 □道观 □古塔 □庙宇 □其他______
	文化设施	□书院 □传统园林 □风水塔 □戏台 □阁楼 □其他______
其他特色公用设施		

本书重点调查每一项设施的构造及功能、作用机制、现状情况、传承利用四方面关键问题，基本概括了设施的各个时期。调查的同时，结合地区发展情况，分析传统公用设施改造提升利用的关键问题，即对于具体传统公用设施保护与提升所需解决的问题。

◆ **传统公用与环境设施调查表**　　**表2-5**

<table>
<tr><td colspan="2" rowspan="2">基础资料</td><td colspan="2">名称:</td></tr>
<tr><td>建造年代:</td><td>规模尺度:</td></tr>
<tr><td colspan="2">构造及功能</td><td colspan="2"></td></tr>
<tr><td colspan="2">作用机制</td><td colspan="2"></td></tr>
<tr><td rowspan="2">现状分析</td><td>保存现状</td><td colspan="2"></td></tr>
<tr><td>使用现状</td><td colspan="2"></td></tr>
<tr><td rowspan="2">传承利用关键问题分析</td><td>替代设施</td><td colspan="2"></td></tr>
<tr><td>传承利用难点</td><td colspan="2"></td></tr>
</table>

2.3 调查工作概述

2.3.1 选定流程

（1）对历批次共计252个中国历史文化名镇进行资料收集，深入分析解读，确保研究的科学与严谨。

（2）进行前期研究工作，包含设施类型分布的主要影响因素研究、历史文化村镇空间分布研究、历史文化名镇设施研究、调查路线研究等，初步确定调查区域及调查对象。

（3）进一步明确工作整体思路，筛选初步确定的调查对象，调整完善调查名单及内容，最终确定4区划分及52个调查村镇。

（4）完成调查工作，根据调查的实际情况确定10个典型村镇作为重点研究村镇。

2.3.2 相关影响因素结构图

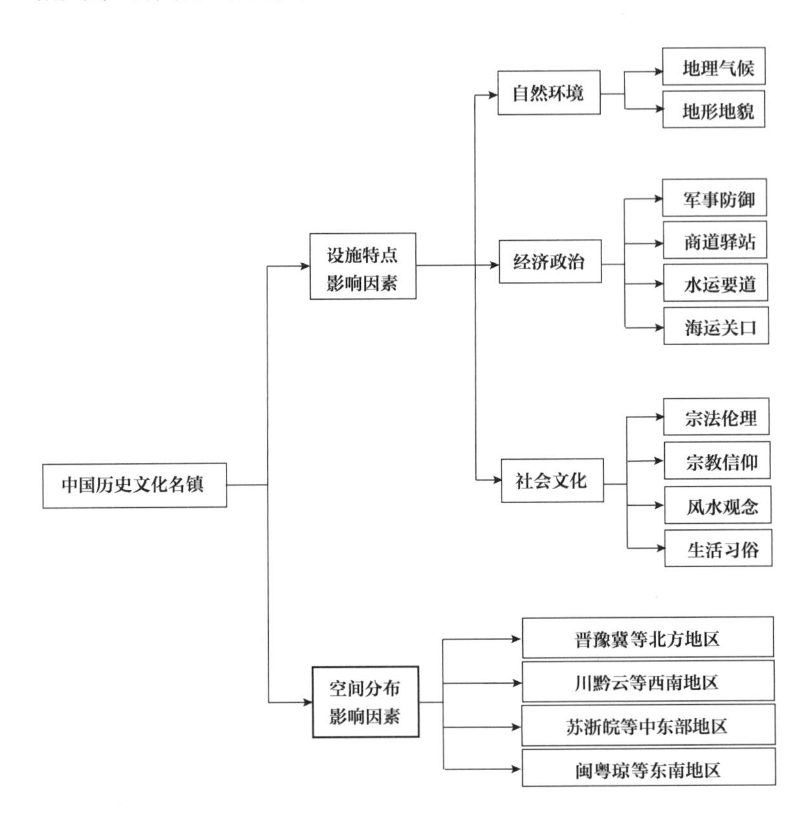

▲ 图2-1 相关影响因素结构图

2.3.3 调查内容结构图

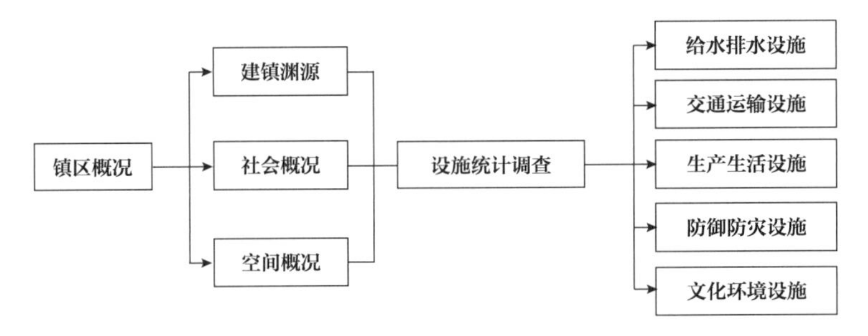

▲ 图2-2 调查内容结构图

2.3.4　调查村镇名单

◆ **调查村镇名单**　　　　表2-6

典型地区	省份	村镇名称	特色类型（综合特色[①]）
晋豫冀等北方地区（14个）	北京	古北口镇	军事防御型
	河北	天长镇	商贸交通型
		代王城镇	传统农耕型
		固新镇	革命历史型
	山西	娘子关镇	军事防御型
		碛口镇	传统文化型
		周村镇	商贸交通型
		润城镇	军事商贸综合型
		新平堡镇	军事防御型
晋豫冀等北方地区（14个）	天津	杨柳青镇	商贸交通型
	陕西	凤凰镇	商贸交通型
	新疆	北庭镇	军事文化综合型
	河南	神垕镇	商贸交通型
	内蒙古	库伦镇	文化宗教型
苏浙沪皖等中东部地区（18个）	浙江	西塘镇	建筑遗产型
		佛堂镇	商贸交通型
		乌镇	建筑遗产型
		南浔镇	商贸交通型
		盐官镇	商贸交通型
		桃渚镇	军事防御型
		龙门镇	传统农耕型
	江苏	周庄镇	商贸交通型
		安丰镇	商贸交通型
	安徽	宏村镇	传统农耕型
		三河镇	军事商贸综合型
		瓦埠镇	商贸交通型
		毛坦厂镇	传统农耕型
		瓦埠镇（省级）	文化宗教型
		西递镇	建筑遗产型
	上海	练塘镇	军事文化综合型
	湖北	汀泗桥镇	军事文化综合型
		石牌镇	商贸交通型

① 综合特色分类法：根据历史文化名镇的形成历史、自然和人文以及它们的物质要素和功能结构等特点，以能体现名镇的特色为原则划分。（《中国历史文化名镇名村保护理论与方法》赵勇著）

续表

典型地区	省份	村镇名称	特色类型
川黔云等西南地区（14个）	四川	安仁镇	文化宗教型
		平乐镇	商贸交通型
		仙市镇	商贸交通型
		尧坝镇	商贸交通型
		李庄镇	传统农耕型
		福宝镇	文化宗教型
		立石镇（省级）	商贸交通型
	重庆	龚滩镇	商贸交通型
		龙潭镇	文化宗教型
		涞滩镇	传统农耕型
	贵州	青岩镇	军事商贸综合型
	云南	沙溪镇	宗教商贸综合型
		凤羽镇	民族特色型
		黑井镇	商贸交通型
闽粤琼等东南地区（6个）	海南	定城镇	文化宗教型
	广东	松口镇	军事防御型
	广西	中渡镇	军事防御型
		黄姚镇	军事防御型
	福建	元坑镇	文化宗教型
		双溪镇	文化宗教型

2.3.5 重点研究村镇名单

◆ 重点研究村镇名单　　表2-7

典型地区	所在省份	村镇名称	特色类型
晋豫冀等北方地区	山西	娘子关镇	军事防御型
		润城镇	军事商贸综合型
	陕西	凤凰镇	商贸交通型
	内蒙古	库伦镇	文化宗教型

续表

典型地区	所在省份	村镇名称	特色类型
苏浙沪皖等中东部地区	江苏	安丰镇	商贸交通型
	安徽	三河镇	军事商贸综合型
		瓦埠镇	商贸交通型
	湖北	石牌镇	商贸交通型
川黔云等西南地区	四川	立石镇	商贸交通型
	云南	沙溪镇	宗教商贸综合型
	贵州	青岩镇	军事商贸综合型
闽粤琼等东南地区	广西	中渡镇	军事防御型

Chapter 3

第3章 典型地区调查

◀安徽省黄山市徽州区呈坎村

3.1 晋豫冀等北方地区

晋冀豫等北方地区纬度较高，气候干燥寒冷，以山地地形居多，地处古代中国边境，常年多战乱，同时与外界保持较多文化交流，这样的自然、经济、社会等因素潜移默化地影响着北方地区村镇的选址、街巷格局、院落布局和整体景观。调查研究范围主要包含了黄河中下游平原、华北平原、东北平原以及西北局部区域。其中，又以明清时期经济文化分布主要区域——山西、河北及山东东部等地区为主，实地调查区域重点在山西晋中汾河流域、晋东南沁河流域、西部黄河沿岸、东部太行山以及河北境内的太行山古道沿线。

晋豫冀等北方地区共有10个调查对象，涉及北京、河北、山西、内蒙古，包括北京古北口镇，河北省天长镇、固新镇、代王城镇，内蒙古自治区库伦镇，山西省娘子关镇、润城镇、碛口镇、周村镇、新平堡镇等；历史文化名镇涉及军事防御、文化宗教、商贸交通、传统农耕等类型。

◆ 晋豫冀等北方地区调查清单　　表3-1

省份	历史文化名镇	特色类型	备注
北京	古北口镇	军事防御型	
河北	天长镇	商贸交通型	
	固新镇	革命历史型	
	代王城镇	军事防御型	
山西	娘子关镇	军事防御型	★
	碛口镇	传统文化型	
	周村镇	商贸交通型	
	润城镇	军事商贸综合型	★
	新平堡	军事防御型	
内蒙古	库伦镇	文化宗教型	★

★重点调查

3.1.1 山西省阳泉市平定县娘子关镇

行政区划下的娘子关镇域，包括娘子关村、关沟村、上董寨村、下董寨村、旧关村、新关村等24村。本次调查重点为娘子关和关城。

1. 整体概况调研

（1）概况

娘子关镇属山西省阳泉市平定县，与河北省井陉县接壤，坐落于太行八陉之一“井陉”的西段，古称井陉西口，位置显赫，地势险要，是衔接晋冀两省的重要通道，是兵家必争之地。镇域面积171.7平方公里，全镇农业人口17282人，常住人口3万人。镇内气候温和，四季分明，境内群山矗立、沟壑纵横、河流蜿蜒，奔涌的泉水更使其获得“北国江南”的美誉。

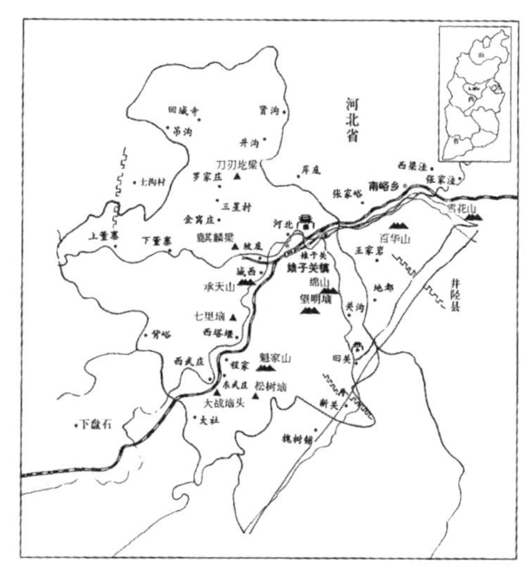

▲ 图3-1　娘子关镇地理形势图①

▲ 图3-2　娘子关村与城关的位置图

（2）建镇渊源

娘子关历史悠久，据考证其历史可推至新石器时代②。在中国地理中，娘子关扮演着“陉”与“塞”的双重角色，既是贸易交往的要道，又是边防御敌的要塞，因此，其建镇史也与防御及贸易这两样因素密不可分。

①《娘子关志》编纂委员会. 娘子关志. 中华书局，2000.

② 阳泉市地方志编纂委员会. 阳泉市志. 当代中国出版社，1998.

隋代为贯通晋冀，沿太行山开凿岩崖大道，娘子关作为此道上的重要节点之一，发展起骡马店、客栈、餐馆等商业设施，逐渐带动其经济繁荣。由于地形的限制，娘子关无法满足交通发展的要求，宋元及之后各个朝代都加大对其并行的固关驿道的修缮拓宽，并将其作为官道使用；而娘子关所处的古道逐渐演变成为商贸主要经行的道路。明清时期，古镇日趋繁荣，成为北方重要的商业枢纽。

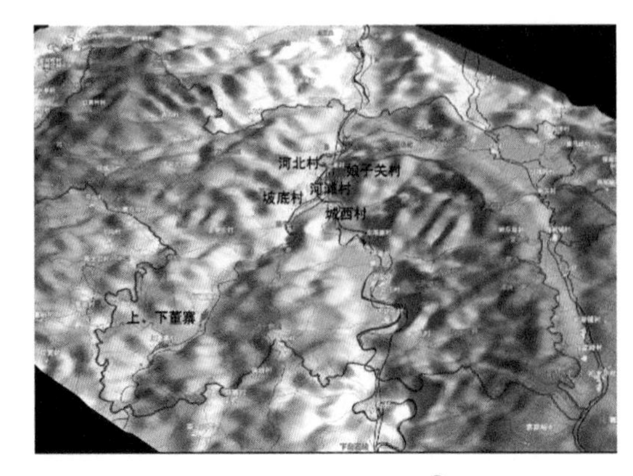

▲ 图3-3　固关驿道和娘子关商道[①]

（3）社会概况

娘子关历史悠久，拥有丰富的非物质文化遗产，其民俗文化积淀厚重，至今还保留着独具地域特色的社火、跑马、河灯、石雕、锣鼓等传统习俗，部分活动内容源于模拟古战场和生产生活习惯，具有浓郁的地方风格。由于娘子关依山而建，水网密布，村民顺水而居，自行修建小桥、水磨、桌椅板凳等生活休闲设施，形成北方地区罕见的“人在水上走，水在屋下流”的生活习惯和独特景观。

（4）空间概况

娘子关的发展过程具有一般军事防御型古镇的特点，围绕岩崖古道的一部分和要塞关口形成娘子关和关城两个聚点。娘子关依山坡走势而建，结合地形布局。道路多平行于山体等高线，街巷形态多取决于山势的起伏变化。道路、建筑与环境有机结合，形成店铺林立、街巷系统发展完善、丰富和谐的街景空间。

娘子关最主要的街道为兴隆街与临泉街，两街组成村落西侧和北侧的骨架。两街之间，有二巷、三巷自村口直达河边，作为支路。村内水道位于村落东北部，以梅花池泉眼为源头，沿临泉街逐级跌落而下，向北流经各家各户，最终汇入绵河。

由于商道和水磨粮油加工等活动的发展，兴隆街在明清时期达到鼎盛，云集数百家店铺，成为娘子关的经济中心。兴隆街东、西两端，文昌阁和朝阳阁遥遥相对，现存店铺大部分还保持着原貌，多以一层房屋为主，街道界面曲折多变，立面变化丰富。

① 薛林平等著．娘子关古镇．

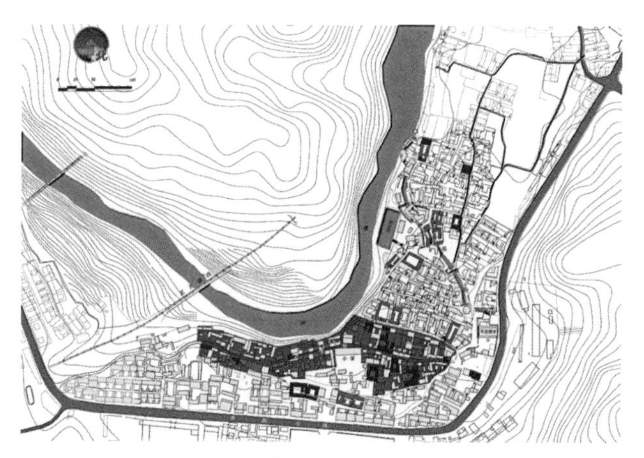

▲ 图3-4　娘子关平面图①

▲ 图3-5　镇内水道

▲ 图3-6　兴隆街西段

2. **设施调查**

通过对娘子关传统公用与环境设施的调查，基本可以确定娘子关作为陉塞型军事防御古镇，其传统公用与环境设施有以下几项：

①给水排水设施：水源、引水渠及排水口等；

②交通运输设施：历史街巷、水街等；

③生产生活设施：水磨坊；

④防灾防御设施：关城，有城墙、城门等；

⑤文化环境设施：关帝庙、文昌阁等。

① 薛林平等著. 娘子关古镇.

◆ 娘子关传统公用与环境设施统计表　　表3-2

大类	小类	具体内容
给水排水设施	取水设施	□古井　■泉　□地表水池　□溶洞　□水车　□其他______
	排水设施	■排水沟涵　■水街巷　□污水渠　□净化池塘　■排水口 □其他______
	引水设施	□灌溉水渠　□镇区暗渠　■镇区明渠　□专用引水渠　□其他______
交通运输设施	陆运交通	■驿道　□路亭　□驿站　■传统街巷　□其他______
	水运交通	□河道　□码头　□水闸　□船埠　□避风港　□古桥　■水街 □其他______
生产生活设施	农业设施	1. 传统耕作类型：□水田　□梯田　□旱田　□圩田　□其他______
		2. 传统耕作设施：□水车　□引水渠　□农业水井　□水塘　□水库 □堤坝　□其他______
		3. 传统农业生产加工场地：□晒场晒台　□传统加工场　■磨坊 □粮仓　□地窖　□其他______
	手工业生产设施	□制瓷作坊　□造纸作坊　□酿酒厂　□砖窑　□烤烟房 □其他______
防灾防御设施	防洪防涝设施	□镇域排洪沟　□防涝池塘　□防洪堤　□其他______
	防火设施	□消防池　□消防水缸　□其他______
	防御设施	■城墙　■城门　□护城河　□地道暗道　□藏兵洞　□水寨　□堡寨 寨门　□防御碉楼　□烽火台　■其他______过街楼______
	其他防灾设施	□护坡　□护林　□其他______
文化环境设施	信仰设施	□寺院　□教堂　□宗祠　□道观　□古塔　■庙宇　□其他______
	文化设施	□书院　□传统园林　□风水塔　□戏台　■阁楼　□其他______
其他特色设施		

▲ 图3-7　取水及排水系统

（1）给水排水设施——传统取水及排水系统

◆ 娘子关给水排水设施调查表　　**表3-3**

<table>
<tr><td colspan="2" rowspan="2">基础资料</td><td colspan="2">名称：传统取水及排水系统</td></tr>
<tr><td>建造年代：明清</td><td>规模尺度：最宽处2米，最窄处约0.4米</td></tr>
<tr><td colspan="2">构造及功能</td><td colspan="2">苇泽关泉、梅花池为给水水源；水渠为引水、取水系统；水渠、地面、屋檐排水口构成排水系统</td></tr>
<tr><td colspan="2">作用机制</td><td colspan="2">娘子关从绵山向绵河地势减低，街巷及水渠多沿地势形成。镇内苇泽关泉，出口经特别设计的梅花池，由水渠引导，由南向北沿街向下流淌经过居民住户门口，沿渠可以取水做饭、洗衣，浇灌菜园（位于泉流下游）；
雨水通过屋檐排水口、街道坡度、路面排水口的设计，流入水渠，最终流入平阳湖</td></tr>
<tr><td rowspan="2">现状分析</td><td>保存现状</td><td colspan="2">娘子关镇内水渠的两侧护坡，一面多为建筑外墙，另一面为街道，这两项要素基本完好；水渠上架的石板虽表面多有磨损，但其功能仍在使用。水渠与街道、地势结合，与建筑紧密联系，形成屋水相伴、石板穿巷的景色</td></tr>
<tr><td>使用现状</td><td colspan="2">设施目前与现代设施一同使用，满足部分原住民的日常生活及种植灌溉需求</td></tr>
<tr><td rowspan="2">传承利用关键问题分析</td><td>替代设施</td><td colspan="2">与现代给水排水设施结合使用</td></tr>
<tr><td>传承利用难点</td><td colspan="2">镇内已进行基础设施改造，各户已通自来水。传统给排水设施作为现代设施的补充，随着传统生活方式逐渐现代化，部分设施将完全被现代设施代替，且水渠内水体没有经过处理，水质可能达不到现在生活的用水标准</td></tr>
</table>

（2）交通运输设施——传统街巷

◆ 娘子关交通运输设施调查表　　表3-4

项目		内容	
基础资料		名称：传统街巷	
		建造年代：明代	规模尺度：街巷宽度1.5～2米
构造及功能		内部交通：主要商业街道（兴隆街），主要生活街道（临泉街），联系两街道路（岩崖古道的一部分）；两街间有二巷、三巷自村口直达河边，作为辅助道路、内部支路；对外交通为岩崖古道	
作用机制		娘子关历史街巷位于古商道上，历史上进行一系列往来客商及贸易活动，形成客栈、店铺、货栈、饭铺等集中的商业街。街巷格局结合山势走向蜿蜒曲折，同街巷两侧建筑形成移步异景、收放结合的景观特点	
现状分析	保存现状	娘子关镇内历史街巷基本保存了原始格局，主要街巷保存较好，铺装因常年使用有损坏	
	使用现状	部分历史街巷仍在使用，但已经失去原有对外交通部分的功能，为原住民日常生活性街巷	
传承利用关键问题分析	替代设施	传统街巷尺度及铺装设施已不能够满足现代生活需求，其对外交通功能已被公路、铁路取代	
	传承利用难点	对历史街巷的利用，应在整体对娘子关镇的保护规划中统一考虑，需要从根本上寻找活态保护的方式方法，从经济、文化、生态等多角度传承与利用	

▲ 图3-8　传统街巷

（3）生产生活设施——水磨坊

◆ 娘子关生产生活设施调查表 表3-5

基础资料		名称：水磨坊	
		建造年代：	规模尺度：
构造及功能		斫木为轮，凿石为磨，因势利导，聚引水流，用水磨碾磨粮食和香料	
作用机制		村上几家大磨坊位于溪流末端，磨坊通常由石头砌成，水流环绕。房子下面有几个半圆形的小洞，周围的水面上，搭着石板。圆形木轮平置洞下，轮轴直通屋内轴的上端，平擎石磨两扇，一上一下，溪水从洞中穿流而过，经过木槽直射轮的边缘，轮被水冲击，推动石磨转动	
现状分析	保存现状	当地人利用丰富水资源得天独厚的条件建造在河道上的水磨坊，至今保存完整，仍在运作	
	使用现状	作为景观展示设施使用	
传承利用关键问题分析	替代设施	现代机械化设施	
	传承利用难点	水质被采煤、工矿污水、生活污水所污染，水磨坊加工的农产品也受其影响。此外水磨坊的加工效率比不上现代机器，无法满足使用需求	

▲ 图3-9 水磨坊

（4）防灾防御设施——关城

◆ 娘子关防灾防御设施调查表　　表3-6

<table>
<tr><td colspan="2" rowspan="2">基础资料</td><td colspan="2">名称：关城</td></tr>
<tr><td>建造年代：明代</td><td>规模尺度：</td></tr>
<tr><td colspan="2">构造及功能</td><td colspan="2">关城，主体由南城门、东城门、南城墙、东城墙、北城墙、关帝庙和文昌阁组成，为绵山敌楼</td></tr>
<tr><td colspan="2">作用机制</td><td colspan="2">现存关城是明廷迁都北京后修筑的关防设施，主要用于防御自西而来的敌军；其南侧依托绵山，西、北两侧临绵河，水流湍急，东侧地势平坦开阔，能够容纳大批军队集结和驻扎；对于西侧而来的敌军，有易守难攻之势；
关城东、西、南三面有城墙围砌而成，南城墙自南城门沿绵山山麓简称锯齿状城墙同山脊上长城的烽火台相连，气势宏伟</td></tr>
<tr><td rowspan="2">现状分析</td><td>保存现状</td><td colspan="2">绵山敌楼仅余遗址；
关城平面呈南北狭长的不规则长方形，主体由东、南城门，东、南、北城墙，关帝庙和文昌阁组成，内有兵营街道，两侧为守军居住的院落；南城楼在1986年进行了重修，民居建筑虽然风貌变动较大，但依旧保留了其原始的格局；穿过南城门即为关城主街；
随着清代“内边疆”的消失，关城的防御功能趋于丧失，防御设施大量削减，但是仍有驻兵；到了民国后期，娘子关处战事渐少，兵营逐渐演变为普通居民院落</td></tr>
<tr><td>使用现状</td><td colspan="2">作为景观设施使用</td></tr>
<tr><td rowspan="2">传承利用关键问题分析</td><td>替代设施</td><td colspan="2">作为景观设施仍在使用</td></tr>
<tr><td>传承利用难点</td><td colspan="2">在历史上，就曾发生过由于历朝历代军事防御重点和方向发生转变，关城这个防御设施的作用及效果大不相同的事件；现代由于国土统一以及军事武器装备的变化，其防御设施无作用；
出于保护历史遗存及旅游开发的目的，可以制定相关保护策略</td></tr>
</table>

▲ 图3-10　东城门

▲ 图3-11　宿将楼

（5）文化景观设施——阁楼

◆ 娘子关文化景观设施调查表1　　表3-7

<table>
<tr><td colspan="2" rowspan="2">基础资料</td><td colspan="2">名称：阁楼</td></tr>
<tr><td>建造年代：明清</td><td>规模尺度：不详</td></tr>
<tr><td colspan="2">构造及功能</td><td colspan="2">娘子关地区在村镇入口处修建阁楼以确定村镇范围，阁楼由上下两部分组成，下部多为石拱门洞，上部修建庙宇，以楼兴隆街文昌阁、朝阳阁为典型</td></tr>
<tr><td colspan="2">作用机制</td><td colspan="2">文昌阁与朝阳阁所在的兴隆街云集数百家店铺，是娘子关的经济中心，街道由大块青石板铺就，街道微微弯曲，街面宽阔，同左右建筑宽高比在0.6～1之间，建筑保存完好。两个阁楼分别位于兴隆街东西两端，极具导向性和标志性。不管从兴隆街内或外部都能看到两个阁楼。在兴隆街最繁华的明清时期，阁楼下的拱门洞中车马络绎不绝。文昌阁上方为硬山顶庙宇，两面带有檐廊；朝阳阁上方为一座歇山顶庙宇。在建筑高度都为一层的兴隆街上，朝阳阁与文昌阁鹤立鸡群，引导来往商贩</td></tr>
<tr><td rowspan="2">现状分析</td><td>保存现状</td><td colspan="2">保存完好，阁楼建筑仍可登上，门洞仍可通行</td></tr>
<tr><td>使用现状</td><td colspan="2">作为重要的景观节点和地标</td></tr>
<tr><td rowspan="2">传承利用关键问题分析</td><td>替代设施</td><td colspan="2">仍在使用</td></tr>
<tr><td>传承利用难点</td><td colspan="2">随着时间发展，娘子关地区已不是商业中心与战略枢纽，城门阁楼的作用已不复存在。现在阁楼多用于装饰和参观。作为环境要素，阁楼标志着主街的出入口。但是因为商业衰落，商贩不从此经过，街上的商铺也变为民居，阁楼在传承与利用上很难有实际的利用价值</td></tr>
</table>

▲ 图3-12　朝阳阁

▲ 图3-13　文昌阁

（6）文化景观设施——关帝庙

◆ 娘子关文化景观设施调查表2　　表3-8

<table>
<tr><td colspan="2" rowspan="2">基础资料</td><td colspan="2">名称：关帝庙</td></tr>
<tr><td>建造年代：不详</td><td>规模尺度：不详</td></tr>
<tr><td colspan="2">构造及功能</td><td colspan="2">由戏台、屹台、山门、庭院、正殿构成，庙中供奉武财神关羽，体现当地居民期盼商业兴隆的心愿</td></tr>
<tr><td colspan="2">作用机制</td><td colspan="2">关帝庙戏台、屹台、山门、庭院和正殿建立在一条轴线之上。戏台与山门围合成一个集会场所。关帝庙主体建筑建造在2.8米高的基台上，由青石台阶连接，营造出庄严神圣的视觉感受。山门为砖砌歇山屋顶门楼，正殿为悬山顶，面阔三间，殿前设有檐廊作为过渡空间连接室内与室外</td></tr>
<tr><td rowspan="2">现状分析</td><td>保存现状</td><td colspan="2">关帝庙保存基本完好，但是庙前广场由于疏于维护，杂草丛生</td></tr>
<tr><td>使用现状</td><td colspan="2">关帝庙仍作为供奉祭拜关羽之所，庙前戏台与广场在重大节庆时期仍作为集会场所</td></tr>
<tr><td rowspan="2">传承利用关键问题分析</td><td>替代设施</td><td colspan="2">无</td></tr>
<tr><td>传承利用难点</td><td colspan="2">随着村镇居民生活的现代化，对于精神追求与物质追求的需求有所改变，关帝庙及其庙前广场作为当地居民集会场地的作用越来越小，如何利用本地文化景观建筑来传承传统习俗和文化是一大难点</td></tr>
</table>

3. 娘子关传统公用设施的传承利用小结

娘子关由于独特的地理位置、自然环境、社会文化因素逐步发展成为一座典型的军事防御型古镇，村镇的空间格局、街巷布局、生产生活公用设施以及文化景观设施都受到影响。

娘子关是万里长城第九关，防御设施关城，是娘子关建镇最重要标志之一。关城坐落在悬崖之上，背靠峰峦起伏的绵山，居高临下。随着军事防御重点和方向的转变，其传统防御设施在兴盛与衰败之间转换，至现代已无军事防御功能，并且已经成为现代镇内的特色景观，对当地经济的发展起了较大的作用。传统道路设施（传统街巷）及水渠，目前仍发挥着重要的功能；传统生产加工设施虽仍可用，但基本闲置，生产过程已被现代工业化生产所取代；传统文化环境设施保存基本完好，仍作为景观或宗教场所使用。

综上所述，由于娘子关镇所处区位交通便利，镇内已经开展旅游经济，使得部分传统公用与环境设施虽未延续其原有功能，但外部形态保存较好，并在娘子关镇保护与发展中拥有了新的功能意义。一些传统公用与环境设施，如传统街巷和给水排水设施，基于历史文化名镇的保护与发展，保存情况较好，并且仍然能较好地为当地居民服务，部分实现了传统公用与环境设施的活态保护。但是由于村镇经济基础、社会形态的改变，居民对传统设施以及文化的重视和认知程度不高，如何利用现有保存尚好的传统文化景观设施为载体对传统文化进行活态传承成为传承利用难点。

3.1.2　山西省晋城市阳城县润城镇

润城镇位于山西省南部晋城市阳城县，下辖29个行政村，本书调查重点为润城镇古城和砥洎城。

1. 整体概况调查

（1）概况

润城镇属山西省晋城市阳城县，位于山西省与河南省交界处，地理位置险要，镇域面积72平方公里，全镇总人口3万人。早在战国时期便是韩赵相争的重镇[①]，借南北向沁河、东西向官道可沟通晋豫，在润城镇下游形成渡口，称为河头堡。水陆交汇之地的优势，使其成为商贸驿站必经之地。因此，润城自古为防御要塞及商贸驿站。

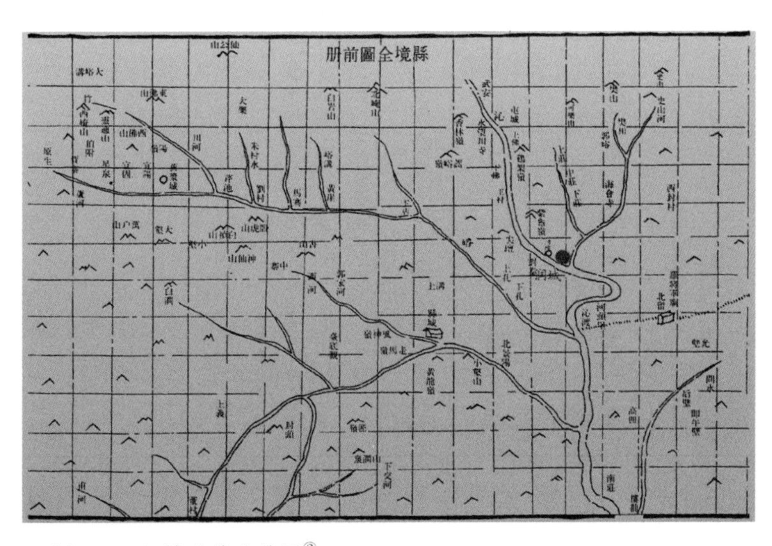

▲ 图3-14　阳城县境古地图[②]

（2）建镇渊源

润城镇建镇历史较长，古称"少城"、"小城"，因冶炼业兴旺，曾称"铁冶镇"。建镇

① 田澍中，贾承建. 明月清风. 太原：山西古籍出版社，2007.

② (清同治年间). 阳城县志·县境全图前册.

渊源与历史功能主要有三点：防御要塞、冶铁重镇及商贸驿站。宋代时期三门街已初具规模，是连接古渡口与孟津的重要商业驿站。据《阳城县志》记载，明中叶以后，润城镇冶炼业兴旺，大批迁民至润城，古镇及几个村庄形成了规模较大的冶铸业，并带动商业手工业发展，逐渐形成了现在古镇“十二坊”的格局。明末，为防御流寇，杨家又以沁河为屏障在十二坊外建砥洎城。地理位置优势与商贸优势使得润城成为阳城一带繁华的军事商贸综合型古镇。

（3）社会概况

润城镇文风鼎盛，名人名士较多，据《阳城县志》记载：“泽州王气在阳城，阳城王气在润城。”明清鼎盛时期，润城诞生了24名进士和60多位诗人，可以称得上晋东南地区少见的人才密集型古镇。

润城镇宗教民俗氛围较浓，砥洎城内集中有大量的文化建筑。古镇分布着“关帝庙”、“黑龙庙”、“三官庙”、“三圣殿”、“土地庙”、“文公祠”等庙宇，民俗意义上的各路诸神应有尽有。润城古镇还有一个文化特点是家家户户代代传承的家训，如“淑善”、“谦益”、“俭静”等，丰富的信仰文化和家训文化，也从侧面体现润城古镇的文化底蕴。

（4）空间概况

润城镇选址于沁河腹地，东依翠眉山，西向天坛山，东北临紫台岭，西南望烟霞山。沁河古道从北向南流过古镇西侧，紫台山与翠微山间有东河，从镇中穿过汇入沁河古道。润城古镇地理位置优越，众山环抱，河水长流，气候温润，为古代村镇居民生产生活提供了优越的物质基础。空间格局相对协调，院落分布均匀，建筑物之间相对紧凑。明代时期，为了方便管理，润城镇被分为十二坊，镇中央为东岳庙，它既是古镇的精神中心，也是商业中心，附近商业及手工业相对发达，至今仍是如此。传统街巷和东河串联起位于古镇边界的城门，形成现在“四点三线十二面一中心”的整体布局。以樊溪为界，河北纵横有序，河南自由曲折，显示出其礼制规划与自然发展两种发展模式。

2. 设施调查

通过对润城镇传统公用与环境设施的调查，基本可以确定润城镇作为军事商贸综合型古镇，主要的传统公用与环境设施有以下几项：

①交通运输设施：传统街巷；

②防灾防御设施：以砥洎城为主的城墙、城门、藏兵洞、防御堡垒等，以及街巷间的牌楼拱券；

③文化环境设施：东岳庙。

◆ **润城镇传统公用与环境设施统计表**　　**表3-9**

大类	小类	具体内容
给水排水设施	取水设施	■古井　□泉　□地表水池　□溶洞　□水车　□其他______
	排水设施	□排水沟涵　□水街巷　□污水渠　□净化池塘　■排水口　□其他______
	引水设施	□灌溉水渠　□镇区暗渠　□镇区明渠　□专用引水渠　□其他______
交通运输设施	陆运交通	□驿道　□路亭　□驿站　■传统街巷　□其他______
	水运交通	□河道　■码头　□水闸　□船埠　□避风港　□古桥　■水街　□其他______
生产生活设施	农业设施	1. 传统耕作类型： □水田　□梯田　□旱田　□圩田　□其他______
		2. 传统耕作设施：□水车　□引水渠　□农业水井　□水塘　□水库　□堤坝　□其他______
		3. 传统农业生产加工场地：□晒场晒台　□传统加工场　□磨坊　□粮仓　□地窖　□其他______
	手工业生产设施	□制瓷作坊　□造纸作坊　□酿酒厂　□砖窑　□烤烟房　□其他______
防灾防御设施	防洪防涝设施	□镇域排洪沟　□防涝池塘　□防洪堤　□其他______
	防火设施	□消防池　□消防水缸　□其他______
	防御设施	■城墙　■城门　□护城河　□地道暗道　■藏兵洞　□水寨　□堡寨寨门　■防御碉楼　□烽火台　■其他　牌楼拱券
	其他防灾设施	□护坡　□护林　□其他______
文化环境设施	信仰设施	□寺院　□教堂　□宗祠　□道观　□古塔　■庙宇　□其他______
	文化设施	□书院　□传统园林　□风水塔　□戏台　□阁楼　□其他______
其他特色设施		

（1）交通运输设施——传统街巷

◆ **润城镇交通运输设施调查表**　　**表3-10**

基础资料	名称：传统街巷	
	建造年代：宋代时期	规模尺度：主要街巷宽度3～5米，居住巷道宽度2～3米

续表

构造及功能		润城镇主要传统街巷是由三门街和南边街组成的主要商业干道、礼让巷和砥泊巷为主的主要居住巷道和东河水街
作用机制		润城镇传统街巷交错布局，明清时期形成较为完整的街道体系。水街、商业街和居住巷道相连接。各等级的道路因功能、地形等原因，形态尺度、周围环境都有所不同：主干道宽高比约为0.7～1.2，街道宽阔具有活力；居住巷道宽高比约为0.5～0.8，街道布局紧凑，有较强的私密感。街道中重要节点有牌楼、门楼、古树，形成小型开放空间，使空间感虚实结合； 东河街是明清时期有名的商业街道，工商业用房立于两岸，河道中有水时为河，无水时为街
现状分析	保存现状	主要街道如三门街、南边街、礼让巷等街道保存完好，街道两侧传统民居建筑群鳞次栉比，过街楼、入口门楼、古树点缀其中，明清古街风韵犹存； 现由于修筑沿河街而上的公路，东河街遭到了大规模的毁坏，沿河古建筑或破坏严重，或已改作他用
	使用现状	三门街仍作为商业街使用，东河、南边街逐步衰退成了一般的居住街巷
传承利用关键问题分析	替代设施	传统街巷部分路面进行硬化处理，路面材质改变，街巷也进行拓宽。原本作为对外交流商贸的三门街也被铁路、公路所取代
	传承利用难点	传统街巷尺度已不能适应现代生活所需的水、电等市政设施的布置，且多数路面破损严重，影响居民生活

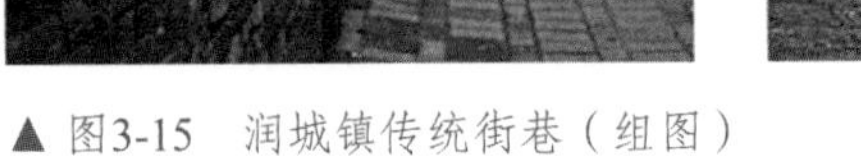

▲ 图3-15　润城镇传统街巷（组图）

（2）防灾防御设施——砥洎城

◆ 润城镇防灾防御设施调查表1　　表3-11

基础资料		名称：砥洎城	
		建造年代：明代时期	规模尺度：占地约3.7万平方米
构造及功能		砥洎城是为抵抗流寇而建立，由城墙、城门、街巷、民居、藏兵洞、水门、碉楼等组成	
作用机制		砥洎城三面环水以沁河为天然屏障，城墙作为整体防御体系，与陆地相连部分有炮台火力封锁，城内道路皆为“丁”字形街巷，防御效果事半功倍； 砥洎城以炼铁坩埚筑城，坚固异常；南门是城初建的唯一出口，城门楼三层，高15米；下层城门洞过道设内外两道城门，其间西侧有门房，大大加强了防御；中层是弹药库，顶层城楼四面开窗，内悬一铁钟，供日常计时、遇匪患报警之用。街巷以“丁”字巷相连，两侧建筑高耸，营造出神秘紧张的压迫感。城内院落与院落之间均有过道相连，坊与坊隔开的院落又有过街楼相连。有的院落上房角楼高起作“望楼”，兼有看家护院落功能。院落地下建筑颇多，且有通风系统，形成一套立体的防御体系	
现状分析	保存现状	砥洎城城堡总体来说保存基本完好，但是有些地方因不再使用而疏于修缮。其城墙一部分已经坍塌不能使用，一些较宽的地方改种庄家，对城墙造成一定的损坏。城中一些街巷铺砖松动，街上过街楼已损毁多处，街坊的形制与边界也很难分清楚。城中一些建筑在修缮中采用彩钢瓦等现代材料进行修缮，有些将原有的坡屋顶改为了平屋顶，对古城堡的风貌影响较大	
	使用现状	未作防御功能使用，满足日常生活需要	
传承利用关键问题分析	替代设施	部分历史街巷已经过改造提升	
	传承利用难点	原有传统公用设施的功能已不适用现代生活的需求，基本处于闲置状态，建造之初为了抵御流寇所建立的建筑多紧凑、蜿蜒，不仅缺少开放空间与绿化，而且有很大的火灾隐患。为了满足现代生活需求，市政电网等采用明线铺设架在空中，有一些民居在修缮中缺少指导与管理，采用现代材料和新的建筑形式，一定程度上破坏了砥洎城的整体风貌。总体来说，怎样将砥洎城与现实结合，以什么方式利用是润城防御体系的传承与利用难点	

▲ 图3-16　砥洎城（组图）

(3)防灾防御设施——牌楼拱券

◆ **润城镇防灾防御设施调查表2** 表3-12

基础资料		名称：牌楼拱券	
		建造年代：明清	规模尺度：
构造及功能		由玄镇门、保障门、不二门、索道口、三眼券、错券、寨上南北城门、过街楼等组成	
作用机制		寨上南北城门——在瓮城南面修建了“水门”，上书“山泽通气”，在当时从风水角度出发，是为了贯通南北脉气，同时也方便了城内居民洗濯。城门多利用传统砖或石料，利用传统技法砌成。如： 错券——两条交错的道路连接时的券拱门，现存于下街中部； 三眼券——三条道路交叉时的券拱门，现存于上下街交叉口处	
现状分析	保存现状	保存基本完好	
	使用现状	未利用	
传承利用关键问题分析	替代设施		
	传承利用难点	传统功能消失，且目前塌毁严重，传统材料难以寻觅	

▲ 图3-17 牌楼拱券（组图）

（4）文化环境设施——东岳庙

◆ 润城镇文化环境设施调查表　　表3-13

<table>
<tr><td colspan="2" rowspan="2">基础资料</td><td colspan="2">名称：东岳庙</td></tr>
<tr><td>建造年代：始建于宋代</td><td>规模尺度：原为三进院落，占地约1072平方米</td></tr>
<tr><td colspan="2">构造及功能</td><td colspan="2">东岳庙为道家寺庙，现存建筑由献亭、齐天殿、东西耳房和后宫组成</td></tr>
<tr><td colspan="2">作用机制</td><td colspan="2">东岳庙原为三进院落，占地约1072平方米，坐北朝南，从南至北建筑依次为山门、影壁及两侧钟鼓楼、过厅、戏台、献亭、齐天殿及其耳殿和后宫。东岳庙山门建在石阶上，面阔三间，穿过山门是一面1米多厚的砖雕影壁，影壁两侧为高二层的钟楼、鼓楼，再向前为一座面宽五间双坡悬山琉璃饰顶建筑，这座建筑为东岳庙的过厅，据当地居民称，原建筑面宽方向大梁直径约1米，便可体现其壮丽宏伟，穿过过厅便是戏台，20世纪70年代从山门至戏台的建筑已被拆除；
再向北走便是一座单檐歇山琉璃饰顶建筑，为东岳庙的献亭，台基长约7.6米、宽6.6米，正面与两侧有石栏板，栏杆上雕有珍禽异兽，造型逼真、栩栩如生，献亭由4根方形石柱支撑，长约5米，边长40厘米。藻井形态十分独特，四面的梁上共架起16朵七踩三翘重昂斗栱，45° 斜栱等距排布，向外承托出挑的屋檐，向内支撑藻井；
献亭后建筑群为东岳庙主殿：齐天殿，内供奉东岳大帝。建筑面阔五间，进深六椽，为单檐悬山顶，大殿建于台基之上，台基两侧有石刻栏板，栏板上雕有各式动物，虽被风雨侵蚀但仍栩栩如生。齐天殿向北5米便是后宫，为面阔五间、进深六椽的单檐歇山顶建筑</td></tr>
<tr><td rowspan="2">现状分析</td><td>保存现状</td><td colspan="2">建筑群前半部分的山门、影壁、钟鼓楼、过厅、戏台已被拆除。后半部分的献亭、齐天殿及其东耳殿和后宫保存下来。但是因为长期风化，建筑外围的石雕、碑刻受到一定损毁</td></tr>
<tr><td>使用现状</td><td colspan="2">建筑群前段部分已被拆除，新建为润城幼儿园。“文革”时期东岳庙后宫改为小学，二层改为男生宿舍，现在用于不定期参观</td></tr>
<tr><td rowspan="2">传承利用关键问题分析</td><td>替代设施</td><td colspan="2">无</td></tr>
<tr><td>传承利用难点</td><td colspan="2">由于历史原因，东岳庙没有完整地保存下来，在之后的建设中并没有注重对传统建筑周围的风貌控制，并且其作为宗教建筑的作用也在日益减退。如何利用东岳庙传承道教文化是传承利用难点</td></tr>
</table>

▲ 图3-18　东岳庙

3. **润城镇传统公用与环境设施的传承利用小结**

润城镇地理位置优越，背山而建临水而居，农业商业发达，使其成为军事重地，后又因冶铁业与商贸业的兴起，使得润城古镇成为晋东南地区著名的军事贸易综合型古镇。镇内留存的防御设施、街巷布局、街道节点等传统公用与环境设施都受到古镇职能与社会文化的影响。

润城的传统防御设施，其精华体现在城堡，即砥洎城的防御体系设计中。砥洎城建城的初衷是为了抗击流寇和自卫，其防御体系由外向内大体分为四级：沁河作天然屏障，城墙为整体防御，丁字巷道布迷宫，宅院串连设暗道，同时水井、碾、磨等生活设施一应俱全，整个防御体系与城堡设计、地形浑然一体。同时，由于商贸需求而形成的商业主街与居住巷道，以及作为交通辅助设施的牌楼街巷，不管是润城镇古城，或是砥洎城的传统街巷，街巷宽高比例小，街道蜿蜒曲折，多有“丁”字形路口，道路与周围建筑围合出一个高耸、威严的景观，虽然街巷幽深私密，但是沿街有一些开放空间，整体空间感觉变化多端、收放结合，在设计与规划中无不体现与自然、地形、季节的和谐共生，也体现了传统生活的智慧与经验。作为镇中主要的精神文化场所的东岳庙建筑群的设计与建造，是中国传统宗教建筑体系的完整体现。

综上所述，润城古镇独特的防御型堡垒、道路系统、传统民居基本保存完好，形成了一个完整的景观体系，是当地发展旅游经济的基础。传统街巷和传统民居不仅仍可以继续使用，还保存了完整的门窗样式、院落结构，为分析传统环境设施营造技艺提供了重要支撑。润城古镇的生产生活环境设施与文化设施仍被沿用，并且基本上满足现代生活需求，但是整体空间布局与传统风貌在现代化进程中受到了一些破坏。同时在原有基础上加入的新的市政设施也存在安全隐患。

3.1.3　内蒙古库伦旗库伦镇

库伦镇辖16个居委会，18个嘎查，7个村委会，总土地面积约407平方公里。本次调查重点为围绕三大寺、库伦河以及特殊沟壑地貌逐渐形成，至今保留着较为完整的历史风貌的库伦老镇区。

1. 整体概况调查

（1）概况

库伦镇属内蒙古自治区库伦旗，库伦旗是漠南蒙古地区唯一的喇嘛旗，其驻地库伦镇保留着三大寺、吉祥天女神庙等重要的历史文化遗产，以及古镇自然生长的整体空间格局、风貌和街巷肌理，富有乡土气息。镇域面积407平方公里，全镇总人口7.2万人，其中汉族10882人，占总人口数22.7%，少数民族36884人，占总人口的77.3%。古镇周边的自然环境良好，富有独特的自然景观资源。

（2）建镇渊源

最初的库伦是以三大寺为中心的宗教圣地，由于清政府的扶持，寺庙规模不断扩大，僧侣和信众的数量不断增加，作为中心市镇的库伦镇逐渐形成，镇区建设沿库伦河两岸坡地及沟壑伸展开来，逐渐形成了与山水格局相融合的、自然有机的城市形态。概括而言，整个库伦老镇区的建设发展大致可以分为以下几个阶段：

首先，清政府划定喇嘛旗疆界，并营建三大寺成为政教中心；

其次，随着政策性人口空间布局调整和民间迁移，三大寺及库伦河周边出现僧侣及信众聚集；

再次，随着人口、经济和文化的发展，建设区沿库伦河两岸坡地逐渐展开；

最后，作为中心市镇存在的库伦镇逐步形成，其规模大致相当于今天库伦老镇区。

（3）社会概况

库伦镇发展建设数百年来，各民族文化相交融，产生了包括安代舞、蒙语说书、库伦民歌等多种非物质文化遗产，也保留了定期宗教庙会等多种传统文化活动，是蒙、汉、回、满等众多民族共同生活的家园。

（4）空间概况

三大寺是满清在漠南蒙古地区最早设立的政教合一喇嘛寺院，因宗教文化逐渐汇聚的僧侣和信众开始了库伦古镇的建设。随着商业和文化的繁荣，古镇区便逐渐沿库伦河及其南北两岸坡地发展建设形成，库伦河也成为重要的商业河道，沿河两岸商铺林立；南北两侧的坡地更成为古镇重要的民居片区，各民族的居住建筑随地势层层叠叠、鳞次栉比；大小寺庙的建设更如雨后春笋，随处可寻，古镇因此又被称为“小五台”，形成位于内蒙古东部沙漠草甸间的宗教圣地。古镇最终形成“一寺一河两坡地，民居层叠多庙宇”的独特建设格局。

2. **设施调查**

通过对库伦传统设施的调查，发现库伦镇是典型的文化宗教型古镇，其建镇及发展史主要依靠宗教信仰和政教合一的社会体制形成今天的空间格局及地位。传统设施以文化环境设施为主，不仅影响周边区域，而且部分被评为国家级文物保护单位。

文化环境设施：主要有国家重点文物保护单位三大寺，即兴源寺、象教寺和福缘寺，以及自治区级文物保护单位天女神庙等。

◆ 库伦镇传统公用与环境设施统计表 **表3-14**

大类	小类	具体内容
给水排水设施	取水设施	□古井 □泉 □地表水池 □溶洞 □水车 □其他______
	排水设施	■排水沟涵 □水街巷 □污水渠 □净化池塘 □排水口 □其他______
	引水设施	□灌溉水渠 □镇区暗渠 □镇区明渠 □专用引水渠 □其他______
交通运输设施	陆运交通	□驿道 □路亭 □驿站 □传统街巷 □其他______
	水运交通	□河道 □码头 □水闸 □船埠 □避风港 □古桥 □水街 □其他______
生产生活设施	农业设施	1. 传统耕作类型：□水田 □梯田 □旱田 □圩田 □其他______
		2. 传统耕作设施：□水车 □引水渠 □农业水井 □水塘 □水库 □堤坝 □其他______
		3. 传统农业生产加工场地：□晒场晒台 □传统加工场 □磨坊 □粮仓 □地窖 □其他______
	手工业生产设施	□制瓷作坊 □造纸作坊 □酿酒厂 □砖窑 □烤烟房 □其他 传统藏药生产作坊

续表

大类	小类	具体内容
防灾防御设施	防洪防涝设施	□镇域排洪沟　□防涝池塘　□防洪堤　□其他______
	防火设施	□消防池　□消防水缸　□其他______
	防御设施	□城墙　□城门　□护城河　□地道暗道　□藏兵洞　□水寨 □堡寨寨门　□防御碉楼　□烽火台　□其他______
	其他防灾设施	□护坡　□护林　□其他______
文化环境设施	信仰设施	■寺院　□教堂　□宗祠　□道观　□古塔　□庙宇　□其他______
	文化设施	□书院　□传统园林　□风水塔　□戏台　□阁楼　□其他______
其他特色设施		

文化环境设施——寺院

◆ **库伦镇文化环境设施调查表1**　　　　**表3-15**

基础资料	名称：三大寺（兴源寺、象教寺、福缘寺）	
	建造年代：清顺治至清光绪年间建造并扩建	规模尺度：占地约25000平方米
构造及功能	兴源寺建筑群（兴源寺、象教寺）：建筑群呈正方形，主体建筑一连四进院落在同一中轴线上，中轴线两侧辅以配殿及钟、鼓二楼。从山门进入第一层院落，迎面为天王殿，该殿为三间四面带回廊的殿堂。第二层院落的北端为进入正殿的台阶。第三层为正殿，面阔九间，进深九间，前出抱厦五间。出正殿进入第四层院落，正面是嘛呢庙，为三间歇山顶四面出廊的建筑，嘛呢庙后是兴源寺母寺“额克苏莫”，为五间硬山式建筑，东西各有三间配殿。整座寺庙建筑群依地势北高南低而处，层层递进，层层升高，主体建筑左右对称，显得庄严肃穆，气势宏伟，强烈体现出人们对喇嘛教的虔诚与敬畏； 福缘寺：寺庙自中轴线由南而北，一连四座殿宇，即山门殿、诵经殿、佛殿和老爷庙。在东西廊房的南端为偏殿各三间。偏殿和山门殿之间为钟鼓楼。东西侧廊房、偏殿对称配合，围成了一座三合院。占地面积4000平方米。山门殿为三间歇山顶建筑，中间辟门，两侧为四大天王塑像。诵经殿为藏式二层建筑，面阔五间，进深五间，故称二十五间。诵经殿后为佛殿，是福源寺主庙，五间重檐庑顶建筑，重檐下三层斗拱，层层伸出，前檐出廊，内外檐的梁柱都有旋子，方格天花板和多边形藻井均为彩绘雕刻，装饰精细。明间并开三门，全间装直棂窗，门前有月台。其建筑在锡勒图库伦所有寺庙中独具一格。福源寺的东西偏殿各为三间的硬山式建筑	

续表

作用机制		三大寺是满清在漠南蒙古地区最早设立的政教合一喇嘛寺院
现状分析	保存现状	保存情况良好，但寺院周边环境较杂乱
	使用现状	寺院在初一、十五等特定日期，会举办大规模的庙会和法式活动，周边地区参会的信众、游客及商贩众多
传承利用关键问题分析	替代设施	无
	传承利用难点	紧邻寺院的多层建筑（主要指东侧及北侧家属楼），主管部门虽已完成局部立面协调工程，但由于库伦特殊的坡地地形，以及这些高层建筑自身在风格和体量上的不协调，仍然严重影破坏了寺院历史风貌的完整性，需根据具体情况对其进行拆迁整治或绿化遮挡工作。 寺院周边缺乏足够的公共空间及相应的服务设施，在安保和消防上存在隐患

▲ 图3-19　兴源寺大殿建筑立面照片

▲ 图3-20　兴源寺大殿二层建筑照片

▲ 图3-21　福缘寺大佛殿照片

▲ 图3-22　大佛殿藻井照片

▲ 图3-23　福缘寺老爷庙照片

◆ **库伦镇文化环境设施调查表2** **表3-16**

<table>
<tr><td rowspan="2" colspan="2">基础资料</td><td colspan="2">名称：吉祥天女庙</td></tr>
<tr><td>建造年代：清顺治</td><td>规模尺度：占地约3000平方米</td></tr>
<tr><td colspan="2">构造及功能</td><td colspan="2">吉祥天女神庙坐落在库伦旗第一中学东侧。目前保留建筑有正殿三间，东西配殿各三间，以及西南角的一座佛塔，俗称“诺门汗塔”，原诵经殿和山门殿已毁。寺内还供奉一尊用一千两白银铸成的吉祥天女神像，原系科尔沁某王爷奉献。诵经殿有《甘珠尔经》与《丹珠尔经》各一部。该庙设住持达喇嘛，其地位在其他寺庙达喇嘛之上</td></tr>
<tr><td colspan="2">作用机制</td><td colspan="2">吉祥天女神为锡勒图库伦主神。锡勒图库伦第三任札萨克达喇嘛、班第达诺门汗西布扎衮如克奉五世达赖与四世班禅之命，离开西藏投奔后金时，五世达赖喇嘛罗布桑扎木素将自己供奉的吉祥天女神画像送给西布扎喇嘛。此后，西布扎喇嘛作为其护身佛一直供奉在身边，直到他晚年在离职休养期间，为之建造寺庙，作为锡勒图库伦主神供奉。从此，民间对吉祥天女神庙推崇备至，不论僧俗，凡是遇到不解之难或蒙受不白之冤都向吉祥天女神祈求保佑或予以明辨</td></tr>
<tr><td rowspan="2">现状分析</td><td>保存现状</td><td colspan="2">保存情况良好，但寺院周边环境较杂乱，且近年已按保护规划修缮建设</td></tr>
<tr><td>使用现状</td><td colspan="2">该庙常年举行法会，参加法会的喇嘛约有100人。每年正月初一早晨，旗札萨克达喇嘛亲自向吉祥天女神像上香</td></tr>
<tr><td rowspan="2">传承利用关键问题分析</td><td>替代设施</td><td colspan="2">无</td></tr>
<tr><td>传承利用难点</td><td colspan="2">周边建筑与吉祥天女神庙的风貌不统一，对其风貌的改造是传承利用的难点</td></tr>
</table>

▲ 图3-24 吉祥天女神庙主殿建筑院落照片

▲ 图3-25 吉祥天女神庙背后照片

3. 库伦传统公用与环境设施的传承利用小结

库伦镇建镇之初即修建喇嘛寺院三大寺，并围绕其兴建众多宗教建筑，从一处宗教圣地逐渐发展成为一座典型的文化宗教型古镇，僧舍庙宇散布古镇，古镇的空间格局、街巷布局、各类生产生活公用设施及文化景观设施都受到影响。库伦主要的传统公用与环境设施包括文化环境设施等。

库伦古镇的价值体现在其浓厚的历史渊源与宗教文化地位，以及独特的古镇格局与传统建筑形式中。库伦古镇保存的三大寺、吉祥天女神庙等藏传佛教寺庙，是我国内蒙古地区保存得较为完整的历史建筑群之一。这些佛教建筑集汉、藏、蒙古建筑科学艺术于一体，具有鲜明的民族风格和强烈的地方特色，堪称佛教建筑艺术在北方草原上的杰作。重要寺庙至今保存完好，保留了定期宗教庙会等多种传统文化活动，是库伦镇长远发展的重要动力。

综上所述，库伦传统文化景观设施保存良好，重要宗教建筑至今仍较好地为当地人民服务，实现了传统设施的活态保护。但同时也存在周边建筑风貌不和谐、环境杂乱的现象。库伦已开展旅游经济，但旅游产业体系规模尚未壮大，给镇内宗教建筑群的保护带来不利。如何从整体保护好库伦的传统文化景观设施，实现传统特色文化的传承成为传承利用难点。

3.1.4 陕西省商洛市柞水县凤凰镇

凤凰镇位于陕西省商洛市，古镇始建于唐武德七年（624年），至今已有约1400年历史。本次调查重点为凤凰镇历史镇区。

1. 整体概况调查

（1）概况

凤凰镇，亦称凤镇，位于柞水县东南部、秦岭南坡、社川河中游，距柞水县城45公里，距西安市107公里。凤凰镇依山傍水，建于社川河、皂河、水滴沟河三水交汇形成的三角洲中，镇域总面积约163平方公里。历史上为陕南移民居住区，文化源远流长。

（2）建镇渊源

据《柞水县志》记载，凤凰镇始建于唐武德七年（624年），唐宋时名“三岔河口”（社川河、皂河、水滴沟在此交汇），清嘉庆年间改名为“凤凰嘴”（因其西南有山名“凤凰山”而得名），民国30年（1941年）更名为“凤凰镇”。

在清顺治年初，河南、湖北、四川等地的商人来到凤凰镇经商并安居。在清末民初，开始广建街房门面，疏通汤峪骡马驿道、金钱河水路航运，商流、人流、物流汇集，逐步形成有一定规模的商贸集镇。各类商埠字号、店铺钱庄遍布街巷，市井繁荣。北方的山货土特产经马帮和人力驮转至此，再经水路沿汉江运到汉口，而江南的丝绸、稻米也经水路运来，而后从旱路翻越秦岭送入关中。凤凰镇逐渐成为秦岭以南连接长江水系和黄河水系的重要商贸集镇，有柞水“小上海”之称。

（3）社会概况

凤凰镇历史悠久，有深厚的文化底蕴，融秦楚湖广文化于一体。汉剧、二簧、花鼓、渔鼓、龙灯等民间艺术形式活泼，底蕴深厚。凤凰镇渔鼓源于安徽和山东省，词曲高雅，由道教朝相子传入流传至今。镇内成立有凤凰古镇渔鼓演艺社、凤凰镇汉调二簧剧团，经常开展群众文化娱乐活动，每逢重要节日都要举办各种文艺活动，凤镇街灯会成为远近闻名的重要节日。传统农家宴的八大件和三台宴由安徽和湖北移民传入，保留了长江流域的传统风味。

（4）空间概况

凤凰镇老街选址于水滴沟、皂河、社川河“三叉河口”的十字水东南河岸，南北两山，中间平川，形成“五寨护卫”、四水环绕、秦岭深山的独特地貌。古镇老街按道教风水的“枕山、环水”而建，街道呈“S”字形，老街两街头高翘，东头修泉井，充分考虑了消防和排水等自然因素。古街内有四条地下水上涌形成的水渠，形成了水在城中的独特景观，而街道外围三条河流交汇以及引入自来水厂的人工河共同构成了城在水中这一景象。建筑物与青山相映，宜人居住，生态与建筑和谐，完整优美。

2. 设施调查

凤凰古镇自古水运陆运交通便利，逐渐发展成为秦岭以南重要的商贸集镇。经调查，凤凰镇现存可反映古镇特色，传统公用与环境设施主要有以下几项：

①交通运输设施：传统街巷；

②文化环境设施：二郎庙。

◆ 凤凰镇传统公用与环境设施统计表　　表3-17

大类	小类	具体内容
给水排水设施	取水设施	■古井 □泉 □地表水池 □溶洞 □水车 □其他___
	排水设施	■排水沟涵 □水街巷 □污水渠 □净化池塘 □排水口 □其他______
	引水设施	□灌溉水渠 □镇区暗渠 □镇区明渠 □专用引水渠 □其他______
交通运输设施	陆运交通	□驿道 □路亭 □驿站 ■传统街巷 □其他______
	水运交通	□河道 □码头 □水闸 □船埠 □避风港 □古桥 □水街 □其他______
生产生活设施	农业设施	1. 传统耕作类型：□水田 □梯田 □旱田 □圩田 □其他______
		2. 传统耕作设施：□水车 □引水渠 □农业水井 □水塘 □水库 □堤坝 □其他______
		3. 传统农业生产加工场地：□晒场晒台 □传统加工场 □磨坊 □粮仓 □地窖 □其他______
	手工业生产设施	□制瓷作坊 □造纸作坊 □酿酒厂 □砖窑 □烤烟房 □其他
防灾防御设施	防洪防涝设施	□镇域排洪沟 □防涝池塘 □防洪堤 □其他______
	防火设施	□消防池 □消防水缸 □其他______
	防御设施	□城墙 □城门 □护城河 □地道暗道 □藏兵洞 □水寨 □堡寨寨门 □防御碉楼 □烽火台 □其他
	其他防灾设施	□护坡 □护林 □其他______
文化环境设施	信仰设施	□寺院 □教堂 □宗祠 □道观 □古塔 ■庙宇 □其他______
	文化设施	□书院 □传统园林 □风水塔 □戏台 □阁楼 □其他_____
其他特色设施		

（1）交通运输设施——传统街巷

◆ 凤凰镇交通运输设施调查表　　表3-18

基础资料	名称：传统街巷	
	建造年代：明清	规模尺度:主要街巷宽约3-5米

续表

构造及功能		包括凤凰镇上拐街、下拐街、永盛街、南岔街等传统街巷及古道，其中上拐街、下拐街、永盛街为商业石子街道，南岔街为小巷。两侧多为传统商业铺面
作用机制		凤凰镇古街是明清民国时期“北通秦晋，南达吴楚”的交通要道和水旱物流的集散地，现存骡马巷（南岔街）是“汤裕古道”接连的“水旱码头”一条街，构成相交“S”字形。现存道2条1.5万米，路4条4939米，街10条2126.3米，巷23条1738米，主街地面用石条、石块铺就，呈“S”形东西走向。 主要街巷两旁为清明建筑群，近142座，1403间，其中商业用房243间，老字号66家。商业店铺前店后寝，商家以家开店，前堂置铺，后堂住人。兴建者多为明清今湖北、湖南、安徽等地迁来的宗族之后裔，集中反映了明清民时期南北建筑艺术，体现地方文化特色。街面房屋由西向东呈阶梯形，各户间由马头墙连接，房屋前檐雕龙画柱、飞鸟走兽，建筑布局为前庭后院。其代表性院落布局为三进（排）及三对三式（大部分）和二进（排）及二对二式（小部分）。最具代表的建筑有“古钱庄”、“高房子”、“茹聚兴药铺”、“孟占先绸庄”、“康家大院”、“郭氏客栈”等。凤凰街古街民居2003年9月被列为陕西省人民政府公布的第四批文物保护单位
现状分析	保存现状	传统街巷基本保存完好，地面石板已修缮，路段两侧少部分建筑风貌改变
	使用现状	现主要街巷仍为商业街巷的性质，两侧建筑为商业或居住功能
传承利用关键问题分析	替代设施	部分街巷两侧建筑已被新建建筑代替
	传承利用难点	由于镇内老街自然形成过早，受历史和自然条件限制，住宅建筑拥挤，居住人口稠密，街道弯曲狭长，存在消防问题。在凤凰镇老街段307省道人流车流物流拥塞。古街入口处空间过于拥挤。原街道是青石条板路面，改造成混凝土路面后与街道风貌不协调。街道空间内各种线网、管线布置不整，街巷两侧架空电线影响传统街巷风貌。如何在维护街巷传统风貌与格局尺度的前提下，改善居民居住条件，提高道路通行能力，提升周边环境，维护商业氛围，是传承利用的难点

▲ 图3-26　凤凰古街（组图）

（2）文化环境设施——二郎庙

◆ **凤凰镇文化环境设施调查表** **表3-19**

基础资料		名称：二郎庙	
		建造年代：明代	规模尺度：占地面积约1900平方米
构造及功能		二郎庙为祭拜用庙宇，由主体神殿、配殿和厨房组成	
作用机制		二郎庙位于凤凰镇古街东侧，始建于明代天启四年（1624年），明崇祯三年落成，坐东朝西，土木结构。当时的规模为“一柏担八间”，即一棵侧柏树，建房8间，占地面积2.5亩。布局是：临街面有大门院墙，东面神像大殿5间，西面香客房3间，南面附设灶房1间，院中有大柏树1棵，悬挂铁质大钟1口，有2座焚香炉和化钱炉。正殿面阔四间22米，进深5.3米，绘彩泥塑7尊，主像高达9尺，殿内四壁细笔彩画为历史人物故事和如意云牙画饰等，壮穆严肃。民国后期被国民党镇公所侵占破坏，新中国成立后曾作为学校使用	
现状分析	保存现状	现二郎庙风貌与功能改变，遗址尚存，殿堂碑画可见，主体建筑保存基本完好	
	使用现状	现作为粮管所库房使用	
传承利用关键问题分析	替代设施	无	
	传承利用难点	二郎庙建筑经历代修建，建筑风貌改变，建筑内墙壁画被白灰覆盖。如何对二郎庙进行建筑修缮，对壁画进行保护性修复，恢复二郎庙祭拜的功能，是传承利用的难点	

▲ 图3-27　二郎庙现状

3. 凤凰镇传统公用与环境设施的传承利用小结

凤凰古镇为秦岭以南连接长江水系和黄河水系的重要商贸集镇，自古水运陆运交通发达，融合秦楚湖广文化于一体。古镇内保留有反映了传统交通商贸文化的传统街巷、商铺民居和二郎庙等传统公用与文化设施，但随着水运交通的没落，与水运交通相关的公用设施逐渐不被使用。

凤凰古镇南北两山、中间平川、四水环绕的独特地貌，使古镇形成了由轴线聚集的民居老街和“鲤鱼状”辐射的联体建筑群所形成的空间格局，“S”形主街轴线由西向东延伸，充分考虑了消防和排水的因素。两侧居民店铺基本保留当年的格局和风貌。弧形街上联体与单体建筑并存，勾勒出弧形的天际线。商业店铺前店后寝，商家以家开店，前堂置铺，后堂住人。但凤凰古镇也存在如下问题：古镇老街受历史和自然条件限制，住宅建筑拥挤，居住人口稠密，街道弯曲狭长，存在消防隐患，部分路段混凝土路面与传统风貌不符，街巷空间线网混杂等。商业街两侧部分房屋门面木墙体已经破坏，被改为砖墙体。部分建筑室内采光不足，导致室内阴暗潮湿。店面牌匾形式多样，与传统门窗墙体不和谐。古街中新建筑与老建筑在空间高度上不统一。

近几年各级政府结合古镇现状，进行古街两侧民居加固升级和基础设施改造等工程。今后仍需在保护传统风貌的前提下，对传统街巷、商铺、庙宇等传统设施进行功能提升，恢复凤凰古镇自古作为水旱交通要塞所形成的独特景观风貌。

3.2 川黔云等西南地区

川黔云等西南地区，纬度适中，气候湿润，地形变化较大，有平均海拔500米以下的四川盆地，也有平均海拔1000～2000米的云贵高原，由大江大河连接。各个区域交通条件相对隔绝，使得各类少数民族文化得以完整保存下来。又因为古代历史几次大规模迁徙和商道的发展，使得中原文化与西南地区少数民族文化融合形成独具一格的景观。同样，因为运输商贸的发展，沿茶马古道的运输型集镇得到了较好的发展，同时一些依赖商贸的传统公用设施产生并发展。

本次调查共选择14个历史文化名镇作为调研对象，涉及四川、重庆、云南、贵州、湖南五省，包括四川安仁镇、平乐镇、仙市镇、尧坝镇、李庄镇、福宝镇、立石镇；重庆龚滩镇、龙潭镇、涞滩镇；云南沙溪镇、凤羽镇、黑井镇和贵州青岩镇；历史文化名镇类型涉及传统文化型、商贸交通型、民族特色型、建筑遗产型等。其中，调研中发现四川立石镇、云南沙溪镇和贵州青岩镇传统公用与环境设施类型和功能等方面较为典型，特选此三处作为重点研究对象。

◆ 川黔云等西南地区调查清单　　表3-20

地区	调研对象	特色类型	备注
四川	安仁镇	文化宗教型	
	平乐镇	商贸交通型	
	仙市镇	商贸交通型	
	尧坝镇	商贸交通型	
	李庄镇	传统农耕型	
	福宝镇	文化宗教型	
	立石镇	商贸交通型	★
重庆	龚滩镇	商贸交通型	
	龙潭镇	文化宗教型	
	涞滩镇	传统农耕型	
云南	沙溪镇	宗教商贸综合型	★
	凤羽镇	民族特色型	
	黑井镇	商贸交通型	
贵州	青岩镇	军事商贸综合型	★

★重点调查

3.2.1　四川省泸州市泸县立石镇

立石镇位于四川省泸州市东侧，地处川、滇、黔、渝四省市交界处，始建于唐宋年间。本次调查重点为立石镇老镇区。

1. 整体概况调查

（1）概况

立石镇位于川、渝、滇、黔结合部，南连百和镇和云锦镇，西连玄滩镇，北连毗卢镇。镇域面积72平方公里，全镇总人口4万人。立石镇地处泸州到永川的正中位置，自唐宋时期便是古驿道上重要驿站，有“上跑泸州、下跑重庆、宿于立石”之说，泸州经济繁荣，四方往来贸易兴盛。

（2）建镇渊源

立石镇至今已有1000多年历史，以其悠久的历史和深厚的文化底蕴闻名于川蜀地区。隋唐时期，在立石镇建立驿道、设驿站；宋元时期沿冷洞河形成货物商业修整场地；明清时期沿驿道形成大规模商业场镇，此时米市街、神泉街格局已形成。到了民国时期，商业地位进一步提升，商业区扩大。沿驿道向南北延伸，禹王宫倾颓，利用原有泉眼改造二郎井。之后为了防御土匪，在神泉街南口、米市街北口、翰林府西修建三座寨门用于防御。新中国成立初期至20世纪80年代，立石镇仍作为泸州与重庆之间重要的商业场镇，在米市街北段修建工业厂房，在冷洞河南修建粮栈。

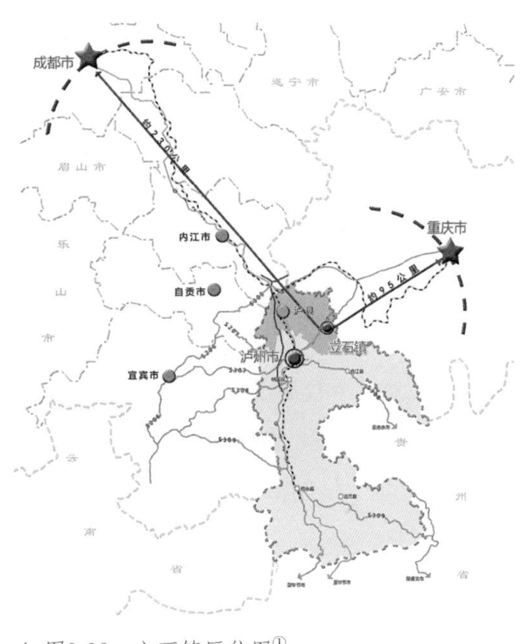

▲ 图3-28　立石镇区位图①

（3）社会概况

立石镇老街上留存了粮站、铁铺、染坊等大量商铺字号，还有宗祠、过街楼、古戏台等传统建筑，真切反映了立石镇各个时期的风貌与浓厚的生活气息。全镇主要以酿酒业和建材

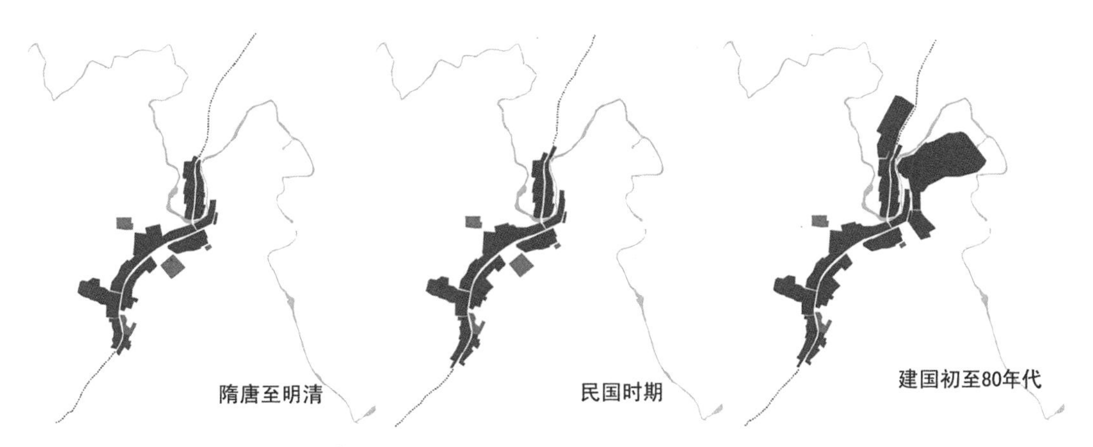

▲ 图3-29　立石镇发展示意图②

① 中国建筑设计院·城镇规划院历史文化保护规划研究所编制. 四川省泸州市泸县立石镇保护规划（2014-2030）. 2015.

② 同①

制造业为主，镇域内零星分布规模较小的作坊，以纺织业和农副产品加工业为主。立石镇是传统的边贸市场，是泸县东部地区市场最活跃、商品成交额和流通额最大的典型边贸集镇。立石镇还有保存较为完好的历史街区、历史街巷与传统建筑和非物质文化遗产，如玉龙湖放生节、二郎井井泉会、普照寺传说等。

（4）空间概况

立石镇选址独特，北为玉龙湖、半边山、牯牛山，山水环绕，成为独特的地形。古镇主街呈“Y”字形，冷洞河从中穿过，为古镇平添了几分生机与活力。历史格局演变中，依托古驿道和冷洞河发展形成的带状格局得以保存，传统格局反映了古镇的选址布局的基本思想，记录了古镇格局的历史变迁，是当地居民与周围自然环境多年来融合的结果。立石镇有“点—线—面”格局特色，其中以东山、西山为制高点形成两阙，南华宫、文昌宫、二郎井（禹王宫）、观音庙等寺庙为公共活动聚焦点，三座寨门为安全防御点；以冷洞河自然河道和古驿道商业街构成古商业街线；同时各类功能区将镇区覆盖，有传统商业区、府邸居住区、新中国成立初期所建的工业区。

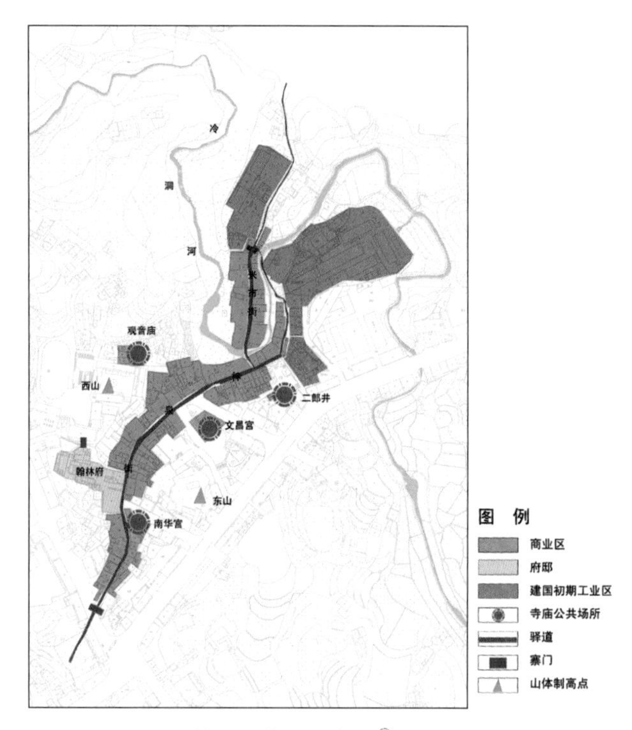

▲ 图3-30　立石镇空间格局示意图[①]

① 中国建筑设计院·城镇规划院历史文化保护规划研究所编制. 四川省泸州市泸县立石镇保护规划（2014-2030）. 2015.

2. 设施调查

立石镇独特的选址和区位，造就其传统商贸交通的功能。目前保存较好的传统设施有：

①给水排水设施：古井、排水沟涵；

②交通运输设施：传统街巷；

③生产生活设施：街巷两侧的传统商铺。

◆ 立石镇传统公用与环境设施统计表　　表3-21

大类	小类	具体内容
给水排水设施	取水设施	■古井　□泉　□地表水池　□溶洞　□水车　□其他______
	排水设施	■排水沟涵　□水街巷　□污水渠　□净化池塘　□排水口　□其他______
	引水设施	□灌溉水渠　□镇区暗渠　□镇区明渠　□专用引水渠　□其他______
交通运输设施	陆运交通	□驿道　□路亭　□驿站　■传统街巷　□其他______
	水运交通	■河道　□码头　□水闸　□船埠　□避风港　□古桥　□水街　□其他______
生产生活设施	农业设施	1. 传统耕作类型：□水田　□梯田　□旱田　□圩田　□其他______
		2. 传统耕作设施：□水车　□引水渠　□农业水井　□水塘　□水库　□堤坝　□其他______
		3. 传统农业生产加工场地：□晒场晒台　□传统加工场　□磨坊　□粮仓　□地窖　□其他______
	手工业生产设施	□制瓷作坊　□造纸作坊　■酿酒厂　□砖窑　□烤烟房　■其他______传统商铺______
防灾防御设施	防洪防涝设施	□镇域排洪沟　□防涝池塘　□防洪堤　□其他______
	防火设施	□消防池　□消防水缸　□其他______
	防御设施	□城墙　□城门　□护城河　□地道暗道　□藏兵洞　□水寨　■堡寨寨门　□防御碉楼　□烽火台　□其他______
	其他防灾设施	□护坡　□护林　□其他______
文化环境设施	信仰设施	□寺院　□教堂　□宗祠　□道观　□古塔　■庙宇　□其他______
	文化设施	□书院　□传统园林　□风水塔　■戏台　□阁楼　□其他______
其他特色设施		

（1）给水排水设施——古井

◆ 立石镇给水排水设施调查表1　　表3-22

<table>
<tr><td colspan="2" rowspan="2">基础资料</td><td colspan="2">名称：二郎井</td></tr>
<tr><td>建造年代：民国</td><td>规模尺度：2000平方米</td></tr>
<tr><td colspan="2">构造及功能</td><td colspan="2">古井周围建一圈石栏，上端修建一座小型神祠，并将周围2000平方米空地铺条石、种植树木，使得二郎井成为全镇一处公共活动空间场地</td></tr>
<tr><td colspan="2">作用机制</td><td colspan="2">二郎井原为一处天然泉眼，四季泉水不断涌出，可供全镇居民生活使用。民国时期全镇集资将泉眼口扩大，形成一前一后相连的两个水池，前池供饮用，后池供洗衣物，方便居民取水</td></tr>
<tr><td rowspan="2">现状分析</td><td>保存现状</td><td colspan="2">二郎井现状保存完整，少部分周边居民仍在使用古井作为生活水源。井池壁经多年长出苔藓，需进行清理。古井周边广场环境良好，树木植被茂密。同时，周边的公共空间仍可作为部分原住民日常活动场所</td></tr>
<tr><td>使用现状</td><td colspan="2">日常使用，满足部分原住民日常生活需求</td></tr>
<tr><td rowspan="2">传承利用关键问题分析</td><td>替代设施</td><td colspan="2">镇区现在通自来水供居民生活饮用，二郎井成为周边居民家庭清洗水源</td></tr>
<tr><td>传承利用难点</td><td colspan="2">需要进一步制定研究方案，检测二郎井水质，依据检测水质研究如何保护利用。初期应作为周边重要消防水源，满足周边80米范围内消防需求</td></tr>
</table>

▲ 图3-31　二郎井广场（组图）

（2）给水排水设施——排水沟涵

◆ 立石镇给水排水设施调查表2　　表3-23

<table>
<tr><td colspan="2" rowspan="2">基础资料</td><td colspan="2">名称：冷洞河排水河道</td></tr>
<tr><td>建造年代：民国</td><td>规模尺度：分布于历史镇区</td></tr>
<tr><td colspan="2">构造及功能</td><td colspan="2">由主要街巷下部的排水暗渠和次要街巷位于街巷两侧的排水明渠构成，用于收集雨水与生活污水</td></tr>
<tr><td colspan="2">作用机制</td><td colspan="2">米市街、神泉街等主街巷收集了各沿街商铺居民和次级街巷的污水、雨水后，直接汇入冷洞河</td></tr>
<tr><td rowspan="2">现状分析</td><td>保存现状</td><td colspan="2">保存基本完好</td></tr>
<tr><td>使用现状</td><td colspan="2">传统排水体系仍在使用，但维护不及时，冷洞河两侧生活污水直接排入冷洞河，河道环境污染严重</td></tr>
<tr><td rowspan="2">传承利用关键问题分析</td><td>替代设施</td><td colspan="2">镇内尚未建成现代污水管网</td></tr>
<tr><td>传承利用难点</td><td colspan="2">传统街巷可作为雨水排水系统，但不可以直接作为污水管网系统，冷洞河河道污染严重，与历史区污水管网配套设施缺乏直接相关</td></tr>
</table>

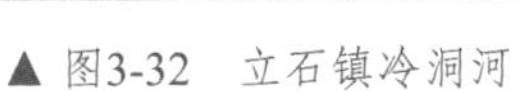

▲ 图3-32　立石镇冷洞河

▲ 图3-33　排水沟涵

（3）交通运输设施——传统街巷

◆ 立石镇交通运输设施调查表　　表3-24

<table>
<tr><td rowspan="2">基础资料</td><td colspan="2">名称：传统街巷</td></tr>
<tr><td>建造年代：始建于宋代</td><td>规模尺度：主街长约500米，宽约3~5米</td></tr>
<tr><td>构造及功能</td><td colspan="2">以米市街、神泉街为主的街道以及分布在街道两侧的景观建筑节点共同构成</td></tr>
</table>

续表

作用机制		米市街古时为周围农户和商贩的交易市场，以“米”生意为主，因其交易规模大，而成为远近闻名的米市街。神泉街与米市街呈Y形格局，是古镇的主街，街巷两侧多为商铺，前店后宅，街道两侧分布着南华宫、翰林府、竹林轩等重要建筑。街面以长约2米的青石板整齐排列而成。整个街面中间高，两边低。长条石的两边分别用两块条石顺街走向安放，两边再用条石砌成街沿，街面牢固平稳。古镇区内雨水均利用自然地势排入冷洞河，街巷具有良好的排水性，设计十分合理，几经修缮而保存完好
现状分析	保存现状	神泉街两侧建筑改造较多，南部路段已改造为沥青马路；米市街保存较为完整，街巷空间尺度较好，仍使用青石板铺砌路面；郎泉巷和狮子口巷两侧建筑改变、损毁较为严重，对古街风貌造成严重影响，有待修缮。街区整体保存完整度约75%
	使用现状	街道两侧建筑现多为民居，街巷也是当地居民每日必经之路
传承利用关键问题分析	替代设施	新建高速公路替代米市街与神泉街的过境交通作用
	传承利用难点	立石镇的传统历史街道，平均宽度约为3.5米，仅供行人和非机动车通过。原有的青石板铺砌道路保留了古巷原有的历史风貌，但路面质量相对脆弱，需要定期更换与保养。街巷两侧商业建筑风貌保存较好，格局保存较为完整，但部分街巷两侧以及外围新建建筑层数高、体量大，对整体风貌造成较大破坏。并且传统建筑以木构架建筑为主，狭窄的街巷无法满足消防车通过，存在火灾隐患

▲ 图3-34　米市街（组图）

▲ 图3-35　神泉街

（4）生产生活设施——传统商铺

◆ **立石镇生产生活设施调查表**　　　**表3-25**

基础资料	名称：传统商铺	
	建造年代：明清民国至新中国成立初期	规模尺度：大小不一，单体建筑占地面积约为80～90平方米

续表

构造及功能		米市街与神泉街为古驿路，驿路两侧建筑既作为商业建筑，也作为当地居民生活场所
作用机制		立石镇传统商铺为前店后宅一进院落，为川南地区穿斗结构体系，垂直于街巷纵向布局，建筑窄面宽、大进深、局部设有阁楼、冷摊瓦屋顶，有利于加速空气循环。店铺沿街为大挑檐形式，为顾客行人遮蔽风雨，后侧居住生活部分多为合院，内有小天井，增强居住者生活舒适度，建筑多临街靠河建成为吊脚楼形式的建筑
现状分析	保存现状	建筑保存基本完好，有些建筑主体结构质量尚可，但局部结构需要维护；有些建筑主体结构尚存，但已严重损坏，有倒塌破坏的安全隐患，房屋墙体和屋顶大面积受损
	使用现状	传统商业建筑目前多为居住，只有少部分建筑保留商业功能，并沿用前店后宅的运营模式
传承利用关键问题分析	替代设施	现代化商业设施
	传承利用难点	随着高速公路的修建，从重庆到泸州不需要经过立石镇，原来以古道贸易而发展起来的立石镇不再具有优势，古道两侧的商业建筑也渐渐衰落，逐渐转变为居住建筑。有些建筑濒临废弃，无人居住，破坏严重，影响当地风貌。传统建筑居住舒适度差，使得当地居民选择拆除，重建新的混凝土式现代建筑，这也是传统商业建筑难以保存下来的难点之一

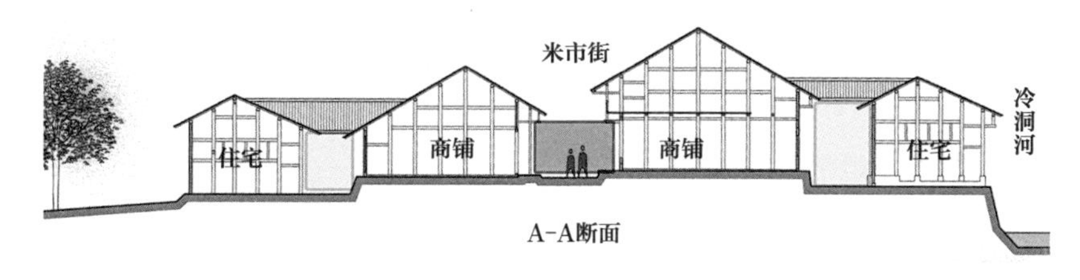

▲ 图3-36 立石镇米市街传统商铺与街道断面[①]

3. 立石镇传统公用与环境设施的传承利用小结

立石镇是重庆与泸州之间的重要驿路商业场镇，是驿路商业文化遗产。古镇顺应山势与驿道建立、发展、扩大，古镇整体空间布局沿袭至今，镇中保存着极有地域文化历史特色的传统设施。

立石镇雨水丰沛、河流穿镇而过，随着历史的发展，逐步形成了较为完整的给排水系统并沿用至今，但是由于缺少完整的现代排污体系，使得冷洞河河道受到严重污染；作为立石

① 中国建筑设计院·城镇规划院历史文化保护规划研究所编制. 四川省泸州市泸县立石镇保护规划（2014-2030）. 2015.

镇发展兴起的见证，镇内主街是驿路商业文化的重要载体，“Y”字形街巷布局、冷洞河蜿蜒穿过镇中，为古镇景观增加一丝活力，虽然传统街巷一部分被完好保存下来，但是仍存在着街巷狭窄、路面容易破坏、有火灾隐患、缺少开放空间等一系列问题；另一部分改建硬化的传统街巷虽然解决了上述问题，但是也带来了与传统风貌不符这一个新的困扰；立石镇传统商铺作为当地传统建筑文化的载体独具特色，保存相对完好，可作为当地特色传统民居传承与利用。

综上所述，由于立石镇所处位置交通便利，已经开展旅游经济和环境治理工作，使得部分景观与设施可以保存下来。在完善镇内市政设施的情况下，一些传统公用与环境设施如给水、排水等设施已不具有实际用途，如何将其内在原理融入现代设施外在形态是传承与利用的重点。与现代生活结合，提升立石镇原住居民的生活环境，是保护其传统设施的根本。

3.2.2 云南省大理白族自治州剑川县沙溪镇

沙溪古镇位于云南省大理白族自治州剑川县西南部，一个以白族为主，彝族、汉族、傈傈族共居的少数民族聚居镇。

1. 整体概况调研

(1) 概况

沙溪镇位于大理白族自治州剑川县西南部，地处金沙江、澜沧江、怒江三江并流世界自然遗产区老君山片区东南端。镇域面积288平方公里，全镇常住人口23172人，少数民族众多，其中白族占总人口的85%。这里是为北进川藏、南入中原以及东南亚、南亚、西亚各国的重要通道，是茶马古道的重要组成部分。根据古文物及历史文献资料记载，早在汉唐时期，这里的古道就已经发挥作用；到抗战时期成为我国唯一的陆路国际通道。[①]

(2) 建镇渊源

沙溪历史文化名镇是一个历史悠久的千年古镇，上可追溯到2400多年前的春秋战国时期。公元前400多年，沙溪就形成了以黑潓江为中心的青铜冶炼制作基地，沙溪先人在那时就拥有了较高的青铜冶炼技术，成为云南青铜文化的发源地之一，[②]是南诏时期为洱海流域北部的一个“诏”。这里物产丰富，地理环境优越，“剑川湖之流，合驼强江出峡贯于传中，所谓沙溪也。其坞东西阔五六里，南北不下五十里，所出米谷甚盛，剑川州皆来取足焉。”[③]

---

① 剑川县志编撰委员会. 剑川县志. 昆明：云南民族出版社，1999.
② 汪宁生. 云南考古. 昆明：云南人民出版社，1980.
③（明）徐霞客. 徐霞客游记·滇游日记七. 北京：中华书局，2009.

（3）社会概况

沙溪镇拥有丰富的历史沉淀。有春秋到西汉时期的鳌峰山古墓葬群，第一批国家重点文物保护单位石钟山石窟、宝石山风景名胜区、茶马古道和周围众多的历史建筑、自然景观。作为唐代以来重要的盐运道，沙溪的马坪关保留着明代以来的廊桥、魁阁、古村落、盐运关卡等，其中沙溪寺登街是茶马古道上唯一幸存的世界建筑遗产。深受南诏、大理国佛教文化的影响，沙溪作为佛教文化传播的见证者，境内保存大量的宗教建筑。沙溪镇作为多民族混居的地区，宗教信仰与传统文化具有多样性。在非物质文化上有专门的敬花舞、灯舞、剑舞等表演，并且保留以“火把节”、“太子盛会”为代表的浓郁的传统文化习俗气息。

▲ 图3-37　沙溪镇古镇传统节日（组图）

（4）空间概况

沙溪镇遵循中国传统“负阴抱阳、背山面水”建造城市的风水选址原则，背靠宝石山，面对黑惠江，形成相对封闭的自然空间。以寺登街为中轴线，东向西贯穿于整个古镇，将古镇分为南北两个片区，“寺登”在白族语言中为“佛寺坐落的地方”。东寨门通往大理地区，南寨门连接古镇南面与西面的滇西盐井，北寨门通往西藏地区，街中心为四方广场，又称为“四方街”，西侧为兴教寺，东侧为古戏台。众多商铺及民居沿广场和东、南、北三条街巷布局，错落有序。

2. **设施调查**

沙溪镇作为典型的宗教商贸综合型古镇，其形成和发展离不开驿道街巷，保存较好的有以下几项设施：

①交通运输设施：古驿道、传统街巷、市集广场和古桥；

▲ 图3-38　沙溪镇古镇全景格局（组图）

②文化环境设施：古寺庙与佛教石窟。

◆ **沙溪镇传统公用与环境设施统计表**　　表3-26

大类	小类	具体内容
给水排水设施	取水设施	□古井　□泉　□地表水池　□溶洞　□水车　□其他______
	排水设施	■排水沟涵　□水街巷　□污水渠　□净化池塘　□排水口 □其他______
	引水设施	□灌溉水渠　□镇区暗渠　■镇区明渠　□专用引水渠　□其他______
交通运输设施	陆运交通	■驿道　□路亭　□驿站　■传统街巷　■其他____市集广场____
	水运交通	□河道　□码头　□水闸　□船埠　□避风港　■古桥　□水街 □其他______
生产生活设施	农业设施	1. 传统耕作类型： □水田　□梯田　□旱田　■圩田　□其他______
		2. 传统耕作设施：□水车　□引水渠　□农业水井　□水塘　□水库 □堤坝　□其他______
		3. 传统农业生产加工场地：□晒场晒台　□传统加工场　□磨坊 □粮仓　□地窖　□其他______
	手工业生产设施	□制瓷作坊　□造纸作坊　□酿酒厂　□砖窑　□烤烟房 □其他
防灾防御设施	防洪防涝设施	□镇域排洪沟　□防涝池塘　□防洪堤　□其他______
	防火设施	□消防池　□消防水缸　□其他______
	防御设施	□城墙　□城门　□护城河　□地道暗道　□藏兵洞　□水寨　■堡寨 寨门　□防御碉楼　□烽火台　□其他
	其他防灾设施	□护坡　□护林　□其他______

续表

大类	小类	具体内容
文化环境设施	信仰设施	■寺院　□教堂　□宗祠　□道观　□古塔　□庙宇　■其他__石窟__
	文化设施	□书院　□传统园林　□风水塔　■戏台　□阁楼　□其他______
其他特色设施		

（1）交通运输设施——古驿道

◆ 沙溪镇交通运输设施调查表1　　表3-27

基础资料		名称：马坪关路	
		建造年代：明朝前后	规模尺度：长约15公里
构造及功能		马坪关路由沙溪镇通往弥沙盐井是茶马古道中最有特点的古驿道	
作用机制		马坪关路为沙溪坝到马坪关的古道，是云南省大理州剑川县沙溪镇的盐路，又被称为沙溪盐道。该路穿行于群山之中，时而是土路，时而是乱石路，中间淌过山间溪水，一路上森林茂密	
现状分析	保存现状	至今仍保留古路的全貌	
	使用现状	此路保存完好，至今还在发挥作用，仍然有马队穿行其中运送货物	
传承利用关键问题分析	替代设施	其运输功能在逐渐弱化，现作为沙溪镇特色景观	
	传承利用难点	由于茶马古道的交易终止，所以目前马坪关路的使用率并不高。古道穿行于群山之间，道路两侧的自然条件比较原始，经常会有悬崖峭壁等更加凶险的环境，只有当地人熟悉路线才能穿行其中，这是作为该路传承与利用的一个难点	

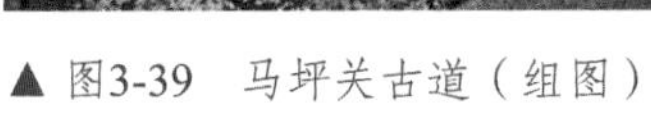

▲ 图3-39　马坪关古道（组图）

（2）交通运输设施——传统街巷

◆ 沙溪镇交通运输设施调查表2　　表3-28

<table>
<tr><td colspan="2" rowspan="2">基础资料</td><td colspan="2">名称：寺登街</td></tr>
<tr><td>建造年代：明朝前后</td><td>规模尺度：长约15公里</td></tr>
<tr><td colspan="2">构造及功能</td><td colspan="2">寺登街是一条集寺庙、戏台、商铺、马店、古树、古巷为一体的千年古集市。“寺登”在白族语中为“佛寺坐落的地方”</td></tr>
<tr><td colspan="2">作用机制</td><td colspan="2">寺登街由东向西贯穿整个古镇，连接3座寨门，东寨门通向大理方向，南寨门连接古镇南片区，北寨门通向西藏地区，西面为滇西盐井，三条古街在四方街会合。现存古街巷蜿蜒曲折，这种曲折感为沙溪镇营造了亲切与趣味，人在街巷中行走可以看到由街巷两边建筑、屋檐围合的不同的天际线</td></tr>
<tr><td rowspan="2">现状分析</td><td>保存现状</td><td colspan="2">街巷两边的商业建筑基本上完整地保存下来，成为茶马古道上唯一保存下来的千年古市集</td></tr>
<tr><td>使用现状</td><td colspan="2">寺登街两侧店铺仍作为商业建筑使用</td></tr>
<tr><td rowspan="2">传承利用关键问题分析</td><td>替代设施</td><td colspan="2">其原有功能在逐渐弱化，现作为沙溪镇特色景观展览</td></tr>
<tr><td>传承利用难点</td><td colspan="2">对于寺登街的保护从2001年的“复兴沙溪工程”开始陆续进行，核心区的古建筑都是经历了漫长时间变化而沉淀下来的历史精华，反映了不同时期的文化成就。但是面对现代生活的发展，传统街巷周围历史建筑的原有尺度与功能并不能满足当代生活的需求。在满足了现代生活条件的同时，势必将古镇特色抹杀</td></tr>
</table>

▲ 图3-40　寺登街（组图）

（3）交通运输设施——市集广场

◆ 沙溪镇交通运输设施调查表3　　表3-29

<table>
<tr><td colspan="2" rowspan="2">基础资料</td><td colspan="2">名称：四方街</td></tr>
<tr><td>建造年代：可追溯至唐代，现存建筑多为明清民国</td><td>规模尺度：四方街似曲尺形，南北长约300米，东西宽约100米，其中北部街东西长约100米，南北宽约50米</td></tr>
<tr><td colspan="2">构造及功能</td><td colspan="2">四方街是沙溪的灵魂与核心，是一个集寺庙、古戏台、商铺、百年古树、古巷道、寨门于一身，功能齐备的千年古集市</td></tr>
<tr><td colspan="2">作用机制</td><td colspan="2">四方街是以红砂石板铺筑、东西长约100米、南北长约300米的曲尺形广场。街中心有2棵百年古槐树，古戏台位于街东，坐东朝西，兴教寺位于街西，坐西朝东，两座建筑交相呼应。整个四方街四周商铺、马店林立。古街上商业建筑均为2层木结构建筑，前商铺后马店
四方街作为茶马古道上的重要节点，为马帮提供住宿、存货、寄放马匹的服务。四方街作为通向四方的焦点，是古集市所在地。以前每隔三天有一次街集，各地来的马帮会提前一天陆续来到沙溪镇，街集当天戏台上表演白族霸王鞭舞等民俗表演，表演持续两天，被本地人称为“两宵两天戏”。同时相交呼应的戏台与兴教寺也使四方街成为宗教文化民俗活动的集会地点，如二月八太子会、游太子等活动</td></tr>
<tr><td rowspan="2">现状分析</td><td>保存现状</td><td colspan="2">街巷两边的商业建筑基本上完整地保存</td></tr>
<tr><td>使用现状</td><td colspan="2">四方街广场仍作为本地居民传统集会与名俗节庆的场所，同时也作为外来旅客的接待中心</td></tr>
<tr><td rowspan="2">传承利用关键问题分析</td><td>替代设施</td><td colspan="2">无</td></tr>
<tr><td>传承利用难点</td><td colspan="2">四方街周围历史建筑的原有尺度与功能并不能满足当代生活的要求，在满足了现代生活条件的同时，势必将古镇特色抹杀</td></tr>
</table>

▲ 图3-41　四方街（组图）

（4）交通运输设施——古桥

◆ 沙溪镇交通运输设施调查表4　　表3-30

基础资料		名称：玉津桥	
		建造年代：清代	规模尺度：跨空12米，高6米，桥长35.4米，宽5米
构造及功能		玉津桥为单孔石拱桥，石板铺面，有石护栏，是南连大理地区的第一桥，也是所有南来北往马帮的必经之路	
作用机制		因桥身跨度大、基础不稳而倾塌，道光初年改为铁索桥。清咸丰、同治年间，战事波及大理剑川沙溪镇，剑川沙溪玉津桥铁索被取下铸成兵器，战后架木为桥，逐渐腐朽而毁。1931年，云南省大理州剑川县沙溪民众募资再建古桥，白族著名学者赵藩为玉津桥的重修专门撰写了《修桥募引》	
现状分析	保存现状	良好	
	使用现状	作为景观设施使用	
传承利用关键问题分析	替代设施	无	
	传承利用难点	古桥是世代居住在沙溪的人通往田间地头劳作经商的必经之路，作为通过惠水河的重要设施，在现代生活中仍起着重要的作用	

▲ 图3-42　玉津桥（组图）

（5）文化环境设施——古寺庙

◆ 沙溪镇文化环境设施调查表1　　表3-31

基础资料	名称：兴教寺	
	建造年代：明代	规模尺度：占地6420平方米

续表

构造及功能		沙溪兴教寺由大雄宝殿、天王殿、观景点、山门、厢房、戏台等建筑组成。寺周围有古槐树、古黄连木数株
作用机制		沙溪镇受到南诏、大理国佛教文化影响，结合当地白族原始宗教，信仰“阿吒力”，即佛教密宗的一支。兴教寺在此背景下建立起来，兴教寺的大殿、二殿，即大雄宝殿与天王殿是滇西少有的明代重要建筑之一。其中，大雄宝殿，坐西朝东，东西进深14.58米，南北顺深18米，重檐歇山式九背顶，上下檐均架斗栱飞角。大殿内有20多幅大型珍贵壁画，其中《太子游苑图》等生动描绘了南诏、大理国宫廷生活，弥补了我国对古南诏、大理国宫廷生活实况描述的缺乏，是古代云南地区的重要史料之一。兴教寺不仅是佛教密宗的重要朝圣地点，同时是白族人民举行节庆活动的地点，如二月八太子会、火把节等
现状分析	保存现状	由于政治、历史原因，以及佛教禅宗的传入和流行，阿吒力教从明清时期开始衰落。兴教寺壁画的保护与维持缺乏经验，风化严重，只能隐隐看清壁画轮廓。兴教寺作为明至民国时期古建筑，被国务院批准为第六批全国重点文物保护单位
	使用现状	兴教寺现作为镇政府驻地和学校。其建筑结构、历史元素被全面记录下来，保存较为完好
传承利用关键问题分析	替代设施	无
	传承利用难点	兴教寺不再作为宗教建筑使用，而是成为镇政府驻地和学校，沙溪镇也不再具有它原先作为宗教朝圣地的功能。虽然其建筑及周边历史文化设施被完整保存下来，但是并没有得到传承利用，而是成为“博物馆”式的展示品

▲ 图3-43　兴教寺壁画

▲ 图3-44　兴教寺大雄宝殿

（6）文化环境设施——石钟山石窟

◆ 沙溪镇文化环境设施调查表2　　表3-32

<table>
<tr><td colspan="2" rowspan="2">基础资料</td><td colspan="2">名称：石钟山石窟</td></tr>
<tr><td>建造年代：南诏至大理国时期</td><td>规模尺度：占地25平方公里</td></tr>
<tr><td colspan="2">构造及功能</td><td colspan="2">石钟山石窟有30区，共139尊佛像，除了南诏历史人物、佛祖像等，还有日常的平民百姓，充满了民间生活气息，是南诏、大理国时期的艺术瑰宝</td></tr>
<tr><td colspan="2">作用机制</td><td colspan="2">石钟山不仅是南诏大理国时期也是云南地区历史上最大的佛教石窟。在佛教传入之前，石钟山一带以其独特的丹霞地貌成为当地白族原始宗教祭祀的场所。石窟中还有大量描绘南诏王的雕塑、佛教造型像和反映人们日常生活的雕像，这些雕像使用现实主义表现手法，同中国其他地区的雕像形成了巨大反差。其中关于南诏国王和贵族的雕像为我国了解盛极一时的南诏大理国提供了重要的史料，同时一些关于日常生活的“波斯国人”、“印度人”雕像是原先沙溪以及大理地区同东南亚、南亚、西亚文化交流的见证</td></tr>
<tr><td rowspan="2">现状分析</td><td>保存现状</td><td colspan="2">石钟山石窟作为第一批全国重点文物保护单位，开发时间早，保存相对完好</td></tr>
<tr><td>使用现状</td><td colspan="2">作为景区供游客参观，同时有大量的关于历史、雕塑艺术的学者到此进行研究</td></tr>
<tr><td rowspan="2">传承利用关键问题分析</td><td>替代设施</td><td colspan="2">无</td></tr>
<tr><td>传承利用难点</td><td colspan="2">作为景区，在追求经济效益的同时，应找到与文物保护的平衡</td></tr>
</table>

▲ 图3-45　石钟山石窟（组图）

3. 沙溪镇传统公用与环境设施的传承利用小结

沙溪镇地处交通要道，连接中原、西藏、四川、东南亚、南亚以及西亚等地区。特殊的地理位置和佛教文化的影响使其成为宗教、商贸综合型的古镇。当地本土的原始文化与各个地区文化不断融合，形成独特的文化氛围，影响传统公用与环境设施的营造。

沙溪镇是茶马古道的重要节点，各类交通运输设施配备齐全，并保存完好。其中，寺登街与四方街作为茶马古道上保存下来的千年古集市，虽然已经不再具有商贸交换功能，但是街道四周传统建筑保存完好，被世界纪念性建筑基金会（WMF）称为“茶马古道上唯一幸存的集市”，不仅体现沙溪镇原有的商业气息，也是市集型场镇布局的典型代表。沙溪镇作为中原文化与大理南诏国文化交流冲撞下发展形成的古镇，环境文化设施特点显著。其中，兴教寺与石钟山石窟是佛家密宗的重要文化载体，值得传承与利用。

云南作为我国旅游开发的一大省份，对于建筑遗产、文化遗产的保护力度大，开发程度强，一座座古村镇成为云南旅游名片中重要的组成部分。但是在以沙溪镇为首的古镇开发、传承利用的工作中形成了对经济效益的过度重视，而打乱了当地居民的生活节奏，使得本地人不得不迁出的事情屡屡发生。如何保障本地人原有的生活习惯，同时传承利用本土特色传统公用与环境设施成为难点。

3.2.3 贵州省贵阳市青岩镇

青岩镇位于贵州省贵阳市，是一座迄今已有620多年的军事古镇，是贵州四大古镇之一。本次调查重点为青岩镇历史镇区。

1. 整体概况调研

（1）概况

青岩古镇隶属贵阳市花溪区，位于贵阳市南郊29公里处，离花溪12公里，依山傍岭，东连黔陶乡，西接燕楼与马铃，南靠惠水县长田乡，北邻花溪。青岩镇总面积92.3平方公里，其中古镇占地约4.8平方公里。镇域面积92.3平方公里，全镇总人口29108人。青岩从古至今都是贵阳的南大门，也是贵阳的“饷道”，有“筑南门户”的称号，历史上是兵家必争之地，军事要塞。

（2）建镇渊源

青岩古镇兴起于驿道，成形于军屯，至今已有600多年历史。明初，青岩古镇设屯堡。青岩位于广西入贵阳门户的主驿道中段，在驿道上设置传递公文的“铺”和传递军情的

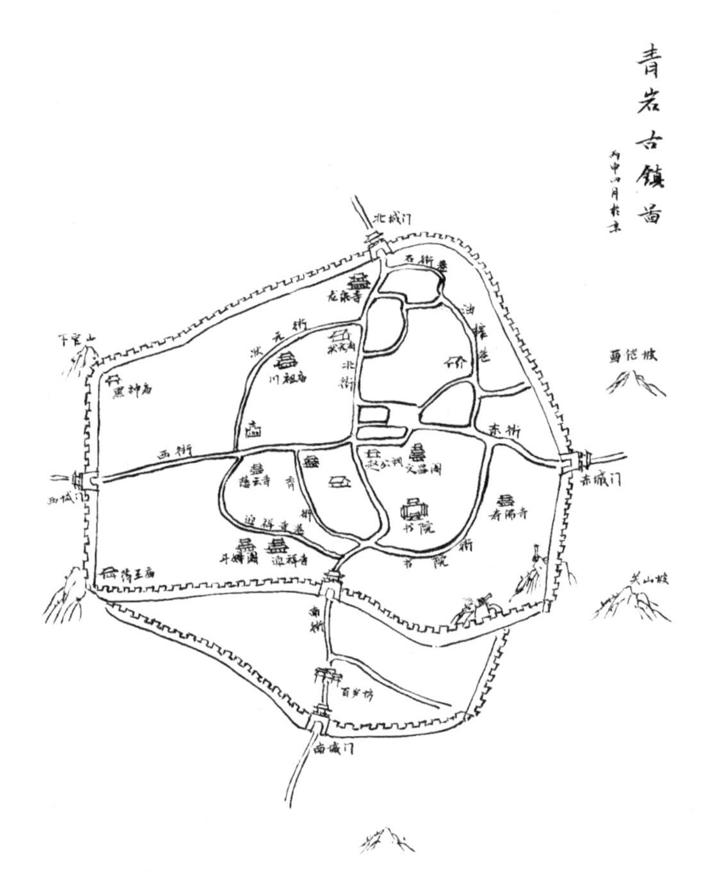

▲ 图3-46　青岩镇格局

“塘”，于双狮峰下驻军建屯，史称“青岩屯”。洪武十四年（1381年），朱元璋军队进入黔中腹地后驻下屯田，“青岩屯”逐渐发展成为军民同驻的“青岩堡”。明天启四年至七年（1624～1627年），布依族土司班麟贵建青岩土城。青岩古镇占有特殊地理位置，作为军事要塞，其后数百年，经多次修筑扩建，由土城而至石砌城墙、石砌街巷，有了现在的青岩古镇。[①]

（3）社会概况

青岩古镇融中西方文化于一地，汇传统文化、宗教文化、革命文化于一镇，佛教、道教、基督教、天主教四教合一，具有悠久的历史文化、独特的人文景观。民间习俗包括每年正月间的舞龙、跳花灯、正月初九至二十的苗族跳场、正月十五的龙灯活动，还有农历五月初五的“游百病”，农历二月十九、九月十九的观音会等等。

---

① 贵阳市地方志编纂委员会．青岩镇志．贵阳：贵州人民出版社，2004.

（4）空间概况

青岩古镇依山坡走势而建，结合地形自由布局，区域性功能布局清晰，四周城墙用巨石筑于悬崖上，有东、西、南、北四座城门，东、西、南、北四条大街和十余条街巷，以东、西、南、北街形成十字交叉并随地形曲直而布置。南、北、东、街两侧主要为商住结合的建筑形式，西街主要以规模档次较高的住宅院落为主，其余街巷存在较多普通民居。街道以当地青石板铺面，蜿蜒曲折，房屋就地势的高低组合形成高低错落的天际线。历史上曾有九寺、八庙、五阁、二祠、二宫、一院、一楼、石牌坊等30余处古建筑。

2. 设施调研

青岩镇作为军事商贸综合型古镇，其保留设施包含以下几种：

①交通运输设施：古驿道、传统街巷；

②防灾防御设施：消防池、城门、城楼等；

③文化环境设施：寺院、牌坊等。

◆ 青岩镇传统公用与环境设施统计表　　表3-33

大类	小类	具体内容
给水排水设施	取水设施	□古井　□泉　□地表水池　□溶洞　□水车　□其他______
	排水设施	□排水沟涵　□水街巷　□污水渠　□净化池塘　□排水口　□其他______
	引水设施	□灌溉水渠　□镇区暗渠　□镇区明渠　□专用引水渠　□其他______
交通运输设施	陆运交通	■驿道　□路亭　□驿站　■传统街巷　□其他______
	水运交通	□河道　□码头　□水闸　□船埠　□避风港　□古桥　□水街　□其他______
生产生活设施	农业设施	1. 传统耕作类型：□水田　□梯田　□旱田　□圩田　□其他______
		2. 传统耕作设施：□水车　□引水渠　□农业水井　□水塘　□水库　□堤坝　□其他______
		3. 传统农业生产加工场地：□晒场晒台　□传统加工场　□磨坊　□粮仓　□地窖　□其他______
	手工业生产设施	□制瓷作坊　□造纸作坊　□酿酒厂　□砖窑　□烤烟房　□其他______

续表

大类	小类	具体内容
防灾防御设施	防洪防涝设施	□镇域排洪沟　□防涝池塘　□防洪堤　□其他______
	防火设施	■消防池　□消防水缸　□其他______
	防御设施	■城墙　■城门　□护城河　□地道暗道　□藏兵洞　□水寨 □堡寨寨门　□防御碉楼　□烽火台　□其他______
	其他防灾设施	□护坡　□护林　□其他______
文化环境设施	信仰设施	■寺院　□教堂　□宗祠　□道观　□古塔　□庙宇　□其他______
	文化设施	□书院　□传统园林　□风水塔　□戏台　□阁楼　■其他__牌坊__
其他特色设施		

（1）交通运输设施——传统街巷及驿道

◆ 青岩镇交通运输设施调查表　　表3-34

基础资料		名称：传统街巷及驿道	
		建造年代：明朝前后	规模尺度：南北街长约1000米，东街长约560米
构造及功能		主要由南街、北街、东街组成的商业街道连接周围巷道形成内部交通骨架，和南北古驿道组成外部交通系统	
作用机制		古镇内部交通主要是由南街、北街、东街以及街道两侧木构青瓦民居和商铺等建筑形成的传统商业街道、西街以及两侧合院式宅院是主要生活街道；状元街、油榨东街、横街、背街、书院街等沿山势以环状串联四条主要街巷，作为辅助道路；其余为穿插其间的背街与入户的尽端式巷道，作为内部支路。外部交通是北街、南街延伸至城墙之外的古驿道	
现状分析	保存现状	古镇内街巷现作为商业街或生活街巷使用，均以青石板铺面，保存情况完整，部分路面因通机动车等原因有破损，街巷两侧建筑大多保持了传统风貌。古驿道尚保存完好，并作为古镇外围商业街使用	
	使用现状	街巷基本以原住民生活使用为主，同时也兼作旅游景点，为旅客展现古镇原始风貌	
传承利用关键问题分析	替代设施	北门外围古驿道路面以水泥代替，原街旁的排水明沟改建为排水暗沟，对外交通被公路取代	
	传承利用难点	原住民现代生活与古镇传统街巷尺寸之间存在一定矛盾，同时青岩古镇不同街巷具有商业、居住、交通等多样的功能、风貌、尺度，在保护工作中需以不同方式区别对待	

▲ 图3-47　青岩镇传统街巷（组图）

（2）防灾防御设施——消防池

◆ 青岩镇防灾防御设施调查表1　　表3-35

<table>
<tr><td colspan="2" rowspan="2">基础资料</td><td colspan="2">名称：消防池</td></tr>
<tr><td>建造年代：不详</td><td>规模尺度：不详</td></tr>
<tr><td colspan="2">构造及功能</td><td colspan="2">作为寺院中消防功能使用</td></tr>
<tr><td colspan="2">作用机制</td><td colspan="2">存蓄水，平时作为生活用水使用，一定范围内出现火情，则用于消防</td></tr>
<tr><td rowspan="2">现状分析</td><td>保存现状</td><td colspan="2">现代消防设施逐渐代替水缸的消防功能，但其本体保存较好</td></tr>
<tr><td>使用现状</td><td colspan="2">现在作为寺内的功德池使用</td></tr>
<tr><td rowspan="2">传承利用关键问题分析</td><td>替代设施</td><td colspan="2">现代消防设施，如消火栓、灭火器等</td></tr>
<tr><td>传承利用难点</td><td colspan="2">传统功能完全消失，且没有传承的必要。类似设施的保护存在一定难度</td></tr>
</table>

▲ 图3-48　消防池（组图）

（3）防灾防御设施——城墙

◆ 青岩镇防灾防御设施调查表2　　表3-36

<table>
<tr><td colspan="2" rowspan="2">基础资料</td><td colspan="2">名称：城墙</td></tr>
<tr><td>建造年代：明朝前后</td><td>规模尺度：约4.8平方公里</td></tr>
<tr><td colspan="2">构造及功能</td><td colspan="2">天启四年至七年（1624~1627年），布依族土司班麟贵建青岩土城墙，后经多次修建，青岩土城垣改建为石砌城墙，以巨石修建于悬崖上，有东、西、南、北四座城门，以防御功能为主</td></tr>
<tr><td colspan="2">作用机制</td><td colspan="2">城墙最初是为抵御明代四川及贵州的叛军而开始修建的，初为土墙，后由土司班麟贵之子对其修缮，改为石墙。在抵御太平军入侵时，城墙之上设立3米宽的跑道，将城头火炮与门外山头炮台相互呼应，城门之上修建城楼，这样的防御设计使得青岩在当时成为一座不可攻克的城池</td></tr>
<tr><td rowspan="2">现状分析</td><td>保存现状</td><td colspan="2">青岩古镇旧城本有东、西、南、北四座城门，现存仅有建于清代的城南定广门仍保留着明清时期风貌，有古城墙、敌楼、垛口、炮台，全用方块巨石筑就。目前青岩镇政府已将古镇其余残缺的城墙及城门修复</td></tr>
<tr><td>使用现状</td><td colspan="2">城墙已经不具备防御功能，现作为古镇特色景观吸引周边游客</td></tr>
<tr><td rowspan="2">传承利用关键问题分析</td><td>替代设施</td><td colspan="2">除定广门及部分城墙外，其余城墙以石块修复，新建城楼、垛口、炮台等，供游客和居民参观使用</td></tr>
<tr><td>传承利用难点</td><td colspan="2">原老城墙年久风化需要维护</td></tr>
</table>

▲ 图3-49　城墙（组图）

（4）防灾防御设施——城门

◆ **青岩镇防灾防御设施调查表3**　　　　**表3-37**

<table>
<tr><td colspan="2" rowspan="2">基础资料</td><td colspan="2">名称：定广门</td></tr>
<tr><td>建造年代：明朝前后</td><td>规模尺度：</td></tr>
<tr><td colspan="2">构造及功能</td><td colspan="2">青岩原有东、南、西、北四座城门，原是具有防御功能的军事设施，现只有城南定广门至今尚存，并且保存较完好，其余城门已在历史变迁中损毁，后重修。</td></tr>
<tr><td colspan="2">作用机制</td><td colspan="2">南门又称定广门，是古镇入口的标志。南门是青岩防御的重点，固一共有2座城门，在定广门内侧300米处有一座内城南门。定广门城墙高4.5米，厚3.5米，城门洞上方嵌砌“定广门”三字匾额，额石刻高0.4米，长1米。门洞呈拱形，由两层条形石砌块纵列向上发券起拱，城门洞高4米，宽3.2米（合营造尺一丈）。城墙顶部为跑马道，用0.6米厚的石板铺砌。靠外侧为石砌雉蝶（俗称垛口），用0.4米厚、1米长的方形整石砌筑而成，中间留约0.4米见方的射击孔，马道内侧用方形整石砌0.6米高、0.4米厚的女儿墙。
定广门上方建敌楼，为三开间重檐歇山顶木结构城门楼，叠梁屋架，是典型的中国古建筑木结构。明间面开间3.6米，次间面开间2.58米，通面宽9.2米，总进深5米，底层檐口高2.8米，总高6.5米。屋面采用金黄色琉璃筒瓦、琉璃屋脊、翼角兽头，古式木格窗及隔扇。定广门敌楼内的明间隔扇和门窗都可以自由拆装，取出这些隔扇、门窗之后，城楼便成了一个可以表演跳花灯、舞龙灯等民间风俗活动的小型舞台，而对面的台阶便成了很好的带坡度的观众席</td></tr>
<tr><td rowspan="2">现状分析</td><td>保存现状</td><td colspan="2">经修缮，现状保存较完整，但是存在风化现象</td></tr>
<tr><td>使用现状</td><td colspan="2">不仅作为原住民日常通行使用，也作为古镇特色景观供游人观赏</td></tr>
<tr><td rowspan="2">传承利用关键问题分析</td><td>替代设施</td><td colspan="2">无</td></tr>
<tr><td>传承利用难点</td><td colspan="2">建造城门的青石年久易风化，需定期进行维护</td></tr>
</table>

▲ 图3-50　城墙

（5）文化环境设施——迎祥寺

◆ 青岩镇文化环境设施调查表1　　表3-38

基础资料		名称：迎祥寺	
		建造年代：清道光时期	规模尺度：占地2000多平方米
构造及功能		佛教建筑	
作用机制		迎祥寺位于青岩古镇南街右侧，俗称斗姆阁，是青岩著名的古刹。迎祥寺乃古镇上最大的庙宇之一，寺院坐西向东，由天王殿、大雄宝殿、南北厢房、观音殿及僧人生活区组成一大建筑群，总占地面积为2000多平方米。入口大门为歇山砖木结构，高6.5米，宽9.3米，面阔三间，入口有一对石狮子镇守，庄严威武。寺门面朝西南，主轴线呈东西走向，与山门呈45度夹角。天王殿为四角攒尖式砖混结构建筑，面阔三间，通面宽6.7米，进深6.5米，近似方形，天王殿地势较山门高出约0.5米，四坡屋顶，重檐，总高约7.6米，屋顶是穿斗式木结构硬山顶，两山及后檐均为砖砌空斗墙，院落铺青石板。穿过天王殿，高约0.5米的台阶上是大雄宝殿，面阔11.72米，进深8米，屋顶为悬山顶，上铺筒瓦。大雄宝殿两侧是两厢房。以大雄空殿和厢房为界形成前后两进院落，前院以天王殿为中心围合，大雄宝殿与其后的观音阁、药王殿、药师殿及两厢房组成第二院落。观音阁地势较大雄宝殿高出3米，其院落进深只有9米，观音阁前有又高又陡的青石阶梯，巧妙地利用地形突显出观音阁的宏伟。僧人用房为悬山顶建筑。迎祥寺的主体建筑在青岩镇外城墙内侧西南高堡坎上，依地势蜿蜒而上，其间廊回曲径、飞檐比翼，整个建筑构成了古镇边缘山崖之上一处赏心悦目的景观	
现状分析	保存现状	经修缮，保存较为完整	
	使用现状	现仍作为宗教用地供原住民及游客参观、礼佛使用	
传承利用关键问题分析	替代设施	无	
	传承利用难点	迎祥寺建造工艺复杂，装饰精美，艺术性极高，维护困难	

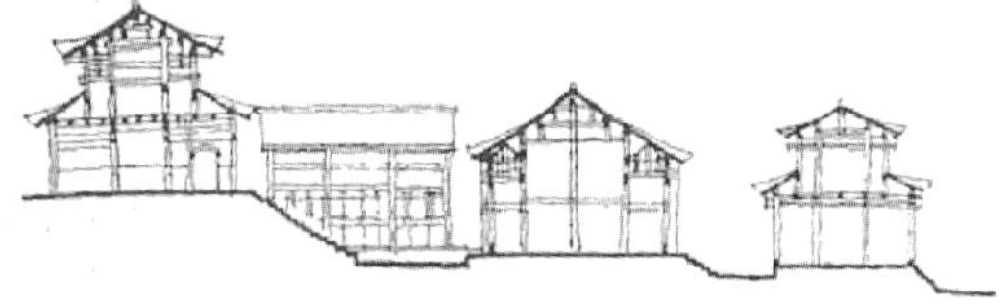

▲ 图3-51　迎祥寺（组图）

（6）文化环境设施——牌坊

◆ 青岩镇文化环境设施调查表2　　表3-39

基础资料		名称：周王氏媳刘氏节孝坊	
		建造年代：清同治年间	规模尺度：面阔9米，高9.5米
构造及功能		石牌坊	
作用机制		周王氏媳刘氏节孝坊现为省级文物保护单位，为四柱三间三楼四阿顶式，由青岩本地石材“白绵石”所建，颜色洁白。四柱均有抱鼓护狮，正中横梁上镂空雕刻“二龙抢宝”，上方横匾为“周王氏媳刘氏节孝坊”。匾额上方梁柱有浮雕“荷花图”，图上方雕有“五龙图”，中嵌“圣旨”二字	
现状分析	保存现状	保存情况较好	
	使用现状	作为街道的入口标志与节点	
传承利用关键问题分析	替代设施	无	
	传承利用难点	石牌坊易风化，需定期维护	

▲ 图3-52　周王氏媳刘氏节孝坊

3. 青岩镇传统公用与环境设施的传承利用小结

青岩古镇为西南地区兼具驿站交通运输、军事戍守防御以及商贸物资集散功能的古镇，地理位置极其重要，是贵阳的南大门，亦是贵阳的饷道，享有“筑南门户”的称号，是历代兵家必争之地。明洪武十一年，为巩固边陲，拥大军磊青石而围城，因此而得名。古镇以驿路发展而来，因防御需求而建，后逐渐发展成为西南边陲重要的贸易集散地。

古镇的空间设置、街巷布局、公用与环境设施的建设都受到其作为防御与贸易型古镇的影响，镇内水设施、交通设施、防御设施、文化环境设施保存情况良好，城墙、城门、传统街巷、消防池、寺庙以及牌坊等设施仍在使用中，对于研究贵州地区驿路与防御型城镇，以及水设施的作用机制等具有重要意义。在当地政府的支持下得到了较好的保护和修缮，较为完整地反映了青岩古镇不同历史时期的发展脉络与景观环境特色，具有青岩地方特色的传统商铺建筑均保存较好，对于研究贵州地区传统建筑形制与建造技艺具有重要价值。青岩传统公用环境设施大部分仍以其原有的功能被居民使用，并随着旅游业的开发，部分传统设施的功能得到新的利用，其艺术、环境价值逐渐被发掘，为大众所认识与传承。

但同时，古镇还存在以下保护与传承问题：商铺商品本地特色不突出，经营占用街巷；传统砖木结构的建筑维护困难；除主要街巷外，其余片区传统民居改建新建餐饮民宿，并未采用传统建筑材料与形制，空间尺度也与传统尺度不符；排水明沟改造为暗沟后，排水能力不足；城北驿道已改为水泥路面；尚保留的古城墙与城楼出现风化情况等。亟需解决传统设施与居民现代生活需要之间的矛盾，保护与传承传统环境设施的传统风貌样式，并发掘其新功能，维护好古镇传统景观风貌特色。

3.3 苏浙皖等中东部地区

苏浙皖等中东部地区纬度较低，气候温润多雨，以丘陵地形为主，河流水网纵横，湖泊众多，以长江、长江支流和运河沟通东西与南北区域的水运，交通发达，明清时期更发展形成漕运组织。本地区一般村镇从选址、格局到具体设计都与水道密切结合，水运交通也繁衍出独具特色的传统公用与环境设施。

本次调查共选择江浙皖南方地区15个历史文化名镇，包括浙江省西塘镇、龙门镇，江苏省周庄镇、安丰镇，安徽省三河镇、瓦埠镇，湖北省石牌镇等15个，历史文化名镇类型涉及建筑遗产型、商贸交通型、军事防御型、血缘聚居型、环境景观型等。

◆ 江浙沪皖赣南方地区普遍调查清单　　表3-40

省份	历史文化名镇	特色类型	备注
浙江	西塘镇	建筑遗产型	
	佛堂镇	商贸交通型	
	乌镇	建筑遗产型	
	南浔镇	商贸交通型	
	盐官镇	商贸交通型	
	桃渚镇	军事防御型	
	龙门镇	传统农耕型	
江苏	周庄镇	商贸交通型	
	安丰镇	商贸交通型	★
安徽	宏村镇	传统文化型	
	三河镇	军事商贸综合型	★
	瓦埠镇	商贸交通型	
	西递镇	建筑遗产型	
湖北	石牌镇	商贸交通型	★

★重点调查

3.3.1　江苏省东台市安丰镇

安丰镇位于江苏省台东市南端，是著名的苏北盐场文化古镇，下辖13个行政村，134个自然村。本次调查重点为安丰历史镇区。

1. 整体概况调查

（1）概况

安丰古镇位于江苏省的中部，盐城东台市南端，是著名的苏北盐场文化古镇。镇域面积188.8平方公里，全镇总人口5.4万人。安丰所在地成陆于汉代，古称“东淘”，意为“东去淘金之地”。北宋范仲淹在西溪任盐官，筑成捍海堰（范公堤），遂更名“安丰”，寓“民安物丰”之意。

（2）建镇渊源

古镇自串场河、海河之间的腹地发展而来。海河乃水路盐运要道，串场河可达长江。至明清期间，安丰已雄居闻名天下的“淮南中十场”之首，盐业极盛，灶丁达48000人，八方商贾云集，安盐远销全国各个省区。随着盐商的迅速富庶，集镇规模逐渐扩大，青石板铺就七里长街，曾拥有“九坝十三巷七十二庙堂”的繁荣景象，四方商贾云集，皖、浙、赣、鄂、豫等远近各地的南北货集散于此，尤以鹳羽扇、芙蓉衫、七纸壶等文人雅士钟爱的地方名品著称。随着陆路运输的兴起，水路运输作用降低，安丰古镇在水路交通中转枢纽的地位降低，因由水运带来的商业繁荣也渐渐衰落。20世纪80年代以后，在城镇化发展的大潮下，安丰古镇在建设上一定程度地破坏了老镇的原有风貌，将部分民居拆除，改建为大型的公共服务设施，但基本延续了古镇原有的格局，空间形态没有发生较大变化。

（3）社会概况

安丰镇的人民受到海盐文化的影响，勤劳质朴、粗犷果毅、艰苦节俭的人文精神渗透到了安丰的性格、文艺、民俗之中。悠久的历史和独特的地理文化孕育出丰富的民俗风情，其中民俗活动有：元宵节安丰灯会、体现宗教文化形式与特点的“庙会”活动、体现农耕文化的安丰青苗会、体现丧葬民俗的做祭、正月半炸麻串活动；民间美术有：东台葫芦画、溱湖刻纸；传统技艺有：东台发绣、梅氏骨科；宗教文化有：佛道教文化。此外，安丰古为产盐之地，虽早已不见当年的亭场盐灶、锅丿仓垛，但由烧盐而留下的地名遍布境内范公堤以东的广大地区，由此亦能窥见安丰盛时之繁华忙碌。

（4）空间概况

安丰古镇的空间格局具有一般南方水网地区城镇发展的特点。选址位于海河和串场河之间，东北临海防大堤范公堤，西南临唐代炼军遗址水系八卦阵。古镇区最初为沿河道的简单居民点，其后不断扩大，明清形成沿河网展开的带状城镇。街区西侧串场河直达长江，东侧海河直通沿海各港区、盐场。两河之间设坝9处，海河运盐船只可过坝入串场河，或将船上海盐起仓过坝，盐司在坝上置秤征税。除南北主街分布着“九坝十三巷七十二庙堂”和店铺，沿串场河、海河建有码头、栈店与16座桥梁。古镇上还有会馆、浴室、家祠等。新中国成立后新建的安时公路、通榆公路在安丰古镇东侧相交。其中，安时路的建设穿越安丰古镇，对古镇的风貌产生了一定程度的破坏。为方便镇区居民的日常生活需求，镇区内拆除部分民居，建成医院、影剧院、学校等大型的公共服务设施。所幸在拆除与建设的过程中，基本延续了原有古镇的格局。安丰古镇内历史建筑年代跨度大，最早保留的为明代建筑，各种年代、不同风貌与建筑质量的建筑相互穿插。历史建筑特色鲜明，传统的街巷系统保存完好，承载着历代安丰人的生活印记与信息。

2. 设施调查

通过对安丰镇传统公用与环境设施的调查，基本可以确定安丰镇作为商贸交通型古镇，其主要的传统公用与环境设施有以下几项：

①给水排水设施：古井、排水暗渠等；

②交通运输设施：以河运为主的河道、码头、古桥、水街等设施以及与河道平行的传统街巷。

◆ 安丰镇传统公用与环境设施统计表　　表3-41

大类	小类	具体内容
给水排水设施	取水设施	■古井　□泉　□地表水池　□溶洞　□水车　□其他______
	排水设施	■排水沟涵　□水街巷　□污水渠　□净化池塘　□排水口　□其他______
	引水设施	□灌溉水渠　□镇区暗渠　□镇区明渠　□专用引水渠　□其他______
交通运输设施	陆运交通	□驿道　□路亭　□驿站　■传统街巷　□其他______
	水运交通	■河道　■码头　□水闸　□船埠　□避风港　■古桥　■水街　□其他______
生产生活设施	农业设施	1. 传统耕作类型：□水田　□梯田　□旱田　□圩田　□其他______
		2. 传统耕作设施：□水车　□引水渠　□农业水井　□水塘　□水库　□堤坝　□其他______
		3. 传统农业生产加工场地：□晒场晒台　□传统加工场　□磨坊　□粮仓　□地窖　□其他______
	手工业生产设施	□制瓷作坊　□造纸作坊　□酿酒厂　□砖窑　□烤烟房　□其他______
防灾防御设施	防洪防涝设施	□镇域排洪沟　□防涝池塘　□防洪堤　□其他______
	防火设施	□消防池　□消防水缸　□其他______
	防御设施	□城墙　□城门　□护城河　□地道暗道　□藏兵洞　□水寨　□堡寨寨门　□防御碉楼　□烽火台　□其他______
	其他防灾设施	□护坡　□护林　□其他______
文化环境设施	信仰设施	□寺院　□教堂　□宗祠　□道观　□古塔　□庙宇　□其他______
	文化设施	□书院　□传统园林　□风水塔　□戏台　□阁楼　□其他______
其他特色设施		

（1）给水排水设施——古井、排水暗渠

◆ **安丰镇给水排水设施调查表** **表3-42**

<table>
<tr><td colspan="2" rowspan="2">基础资料</td><td colspan="2">名称：古井、排水暗渠</td></tr>
<tr><td>建造年代：不详</td><td>规模尺度：遍布整个历史镇区</td></tr>
<tr><td colspan="2">构造及功能</td><td colspan="2">古井作为取水的主要设施之一；排水暗渠作为古镇排水系统重要组成部分</td></tr>
<tr><td colspan="2">作用机制</td><td colspan="2">虽然安丰镇邻近黄海，但是古井井水甘甜宜人，供给数代古镇居民。街巷中央石盖板下原为排水暗渠，雨水通过石板间缝隙快速下渗、排走</td></tr>
<tr><td rowspan="2">现状分析</td><td>保存现状</td><td colspan="2">安丰镇历史镇区内古井台、井亭、排水暗渠保存尚好</td></tr>
<tr><td>使用现状</td><td colspan="2">古井水仅适合作为生活用水，排水暗渠已改为排水管道</td></tr>
<tr><td rowspan="2">传承利用关键问题分析</td><td>替代设施</td><td colspan="2">已建设现代给排水设施，雨水管网在两侧，改造前给水管沿南街主街为尽端式给水管网，依据南街规划改造后在主街东西两侧建筑院落后沿河道增加环状给水管</td></tr>
<tr><td>传承利用难点</td><td colspan="2">随着人口的增加，对水质要求的提高，以及方便输送的要求，古镇的饮用水已经由给水管网取代了从井中抽水，井水偶尔用于洗衣、洗菜，其水量也难以满足大量人口的使用</td></tr>
</table>

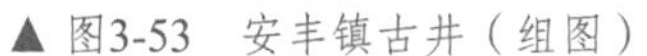

▲ 图3-53 安丰镇古井（组图）

（2）交通运输设施——传统街巷

◆ 安丰镇交通运输设施调查表1　　表3-43

<table>
<tr><td colspan="2" rowspan="2">基础资料</td><td colspan="2">名称：传统街巷</td></tr>
<tr><td>建造年代：宋代，现存建筑多为明清与民国时期建筑</td><td>规模尺度：主街的长约500余米，宽约3～5米</td></tr>
<tr><td colspan="2">构造及功能</td><td colspan="2">南北主街古南街与十三巷中分布了大量的物质文化遗产和非物质文化遗产，是安丰镇古代商业贸易繁荣兴盛的重要体现</td></tr>
<tr><td colspan="2">作用机制</td><td colspan="2">由于安丰镇处于水运枢纽的位置，其街巷布局沿用水乡前街后河的布局形式，顺应河道形成的狭长地形，设置主街与两侧街巷组成鱼骨状街巷布局。街巷两侧建筑、店铺沿袭明清民国各代风格，多为砖木结构，在形式、空间、立面和细部装饰上极具观赏研究价值。传统街巷格局与河道码头、两侧建筑、路面装饰灯因素有机结合，形成一座富有传统风貌的商业古镇</td></tr>
<tr><td rowspan="2">现状分析</td><td>保存现状</td><td colspan="2">通过现场调研与史料分析，安丰镇域内街巷肌理与布局基本保存完好。主街北玉街、南石桥大街宽度可达3～5米，其余街巷宽度在2米左右，基本为青砖路面。2012年起北玉街至南石桥大街进行建筑整治改造，街巷进行了重新铺砌，并完善基础设施，沿街建筑进行了保护改造</td></tr>
<tr><td>使用现状</td><td colspan="2">南北主街仍作为居民日常生活的主要街巷使用，但是街区内工厂和居民楼散布其间，建筑质量较差，严重影响街区整体风貌；狭窄的街巷使得各类工程管线难以铺设，缺乏必要的市政基础设施；人口密度高、空地少等现状存在一定的安全隐患</td></tr>
<tr><td rowspan="2">传承利用关键问题分析</td><td>替代设施</td><td colspan="2">依照南街保护规划，安丰镇政府开始组织对镇中传统街巷的保护建设。南街地段的传统建筑完成了保护修缮，复建了盐课司等重要公共建筑；并对街巷进行整治修缮，完成了路面、给排水设施改造、电力电信管网入地工程和公共环境整治等保护工程</td></tr>
<tr><td>传承利用难点</td><td colspan="2">在具体实施中，如何在保护的前提下延续原有行径的特点是传承利用的难点</td></tr>
</table>

▲ 图3-54　安丰镇传统街巷（组图）

（3）交通运输设施——水运交通设施

◆ 安丰镇交通运输设施调查表2　　表3-44

<table>
<tr><td colspan="2" rowspan="2">基础资料</td><td colspan="2">名称：水运交通设施</td></tr>
<tr><td>建造年代：明清</td><td>规模尺度：</td></tr>
<tr><td colspan="2">构造及功能</td><td colspan="2">主要由桥梁、码头、河闸、坝组成的水运交通设施，连接海边盐仓与长江，便于管理盐运、征收盐税等</td></tr>
<tr><td colspan="2">作用机制</td><td colspan="2">串场河可直达长江，东河可通往盐仓，优越的地理位置使得安丰镇成为闻名天下的“淮南中十场”盐城之一。在两河之上架设桥梁16座和9坝，连接老镇区的街巷，沿河商铺林立，有“九坝十三巷七十二庙堂”之称。西侧串场河直达长江，东侧海河直通沿海各港区、盐场。两河之间，设有9处坝，运盐船从坝中进入河道，盐司在坝上称量收税</td></tr>
<tr><td rowspan="2">现状分析</td><td>保存现状</td><td colspan="2">三仓坝、大坝、小坝、北侧东寺桥已消失，南侧武庙桥仍存留</td></tr>
<tr><td>使用现状</td><td colspan="2">部分桥梁仍在使用，如武庙桥，成为安时路的一部分；用于拦截调配运盐船、征收盐税的坝均已消失，河闸情况不明；沿串场河南半段仍存留古码头4个，因无运输船只来往，故呈废弃状态</td></tr>
<tr><td rowspan="2">传承利用关键问题分析</td><td>替代设施</td><td colspan="2">安丰镇原有加工制造海盐、运输中转海盐的传统功能已经不复存在，因此镇内与此相关的传统设施基本衰败，并无相应的现代同类功能的替代设施出现</td></tr>
<tr><td>传承利用难点</td><td colspan="2">虽然安丰不再是盐业加工转运中心，但是其留存下来的相关遗址、设施，与安丰地区的古地名相辅相成，仍向人们展示着当年盐运枢纽古镇的历史风貌，其传承不但不影响现代生活，反而能营造出与众不同的地方特色，应根据历史文献记载和走访，在不影响生活的前提下，对安丰传统盐业水运设施进行适度保护与恢复，有利于地方旅游业发展</td></tr>
</table>

▲ 图3-55　安丰镇周边河流

3. 安丰镇传统公用与环境设施的传承利用小结

安丰古镇具有独特的地理位置，既可通过水路直达长江，又可通过水路直通沿海各港区盐场，随着生产力与商业的发展，兼具商业转运之功能，成为一座典型的商贸交通型古镇，是“淮南中十场”中的重要一环。安丰古镇的传统公用与环境设施最主要的有：传统给水排水设施、传统交通运输设施等。临河而居的自然环境深刻影响安丰镇的整体布局、传统街巷以及公用环境设施，其中有：安丰镇形成“河道—码头—商铺—街巷”的空间布局，街巷顺应河流形成鱼骨状布局，水井和排水暗渠密集设置。

但是，随着公路交通系统的完善，安丰镇作为水运商贸枢纽的作用逐渐衰落，传统盐业水运设施被废弃和荒置，古镇历代建筑与设施混杂，原始的传统公用设施破坏较大。传统街巷两侧传统建筑保存基本完好，但是在后期整治修缮中由于缺乏对当地建筑的营造形式的考究，建造了大量与当地历史风貌不符的建筑，风格模式较为单一，传统丰富的建筑形式丢失。传统给水排水设施仍在使用，但是随着人口的增加、对水质要求的提高，古镇的饮用水已经由给水管网取代了从井中抽水，井水偶尔用于洗衣、洗菜，其水量也难以满足大量人口的使用。

安丰镇政府对当地传统镇区整治十分重视，对部分传统公用与环境设施进行修缮改造，整体外部形态保存基本完好，但是由于对当地建筑、设施等缺乏调查研究，一味沿用徽派建筑风格，使得传统镇区建筑风格单一。如何保护古镇历史延续感，而非“明清”古镇风貌，是安丰镇在传统公用与环境设施中传承利用的难点。

3.3.2 安徽省合肥市肥西县三河镇

三河镇位于肥西县南端，为巢湖西岸水陆交通要冲，是肥西县最大港口，下辖19个行政村，本次调查重点为三河镇传统镇区。

1. 整体概况调查

（1）概况

三河古镇位于安徽省合肥市肥西县南端，地处合肥、巢湖、六安三市交界处，境内地表水丰富，丰乐河和杭埠河流贯其间并在此交汇，东流15公里入巢湖。镇域面积72平方公里，全镇总人口7万人，其中城镇人口近3万人。镇区属亚热带季风气候，气候条件宜人。“三河”因丰乐河、杭埠河、小南河三条河流环绕而得名。因其地理位置独特，东锁巢湖，北扼庐州（今合肥地区一带），西卫龙舒（今舒城一带），南临潜川，自古是兵家必争之地。

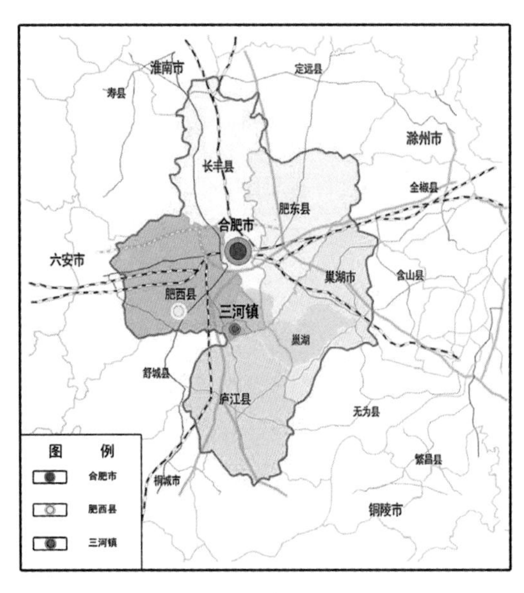

▲ 图3-56 三河镇区位图[①]

（2）建镇渊源

三河镇自古以来因水兴镇，水路交通极为发达，由丰乐河、杭埠河、小南河三水交汇的一个水埠码头发展起来；丰乐河、杭埠河傍镇而过，通巢湖，入长江。古镇周围圩田的修筑，也使三河古镇一带成为鱼米之乡。得天独厚的水运条件、丰富的物产，使得三河古镇很早就形成繁华的商埠，成为舒城、庐江、六安等地商品的集散地和区外商贸内运交换的中转站，素有"装不完的三河"、"皖中商品走廊"之美誉。清嘉庆《合肥县志》[②]记载："三河为三邑犬牙之地，米谷廪聚，汇舒、庐、六渚水为河者三，河流宽阔，板津回互，万艘可藏。"抗战时期沦陷区人口大量涌入三河，人口剧增，推动商业发展，其规模及繁荣景象均超过当时的合肥，曾有"小南京"之称。改革开放后，随着陆路交通的日益便捷，水运渐缩，三河的交通区位优势相对下降，其商贸活动在区域的地位呈不断下降趋势。

（3）社会概况

三河镇人文环境内容丰富，拥有独特的社会生活民俗和深厚的非物质文化资源，是国家级非物质文化遗产保护项目庐剧的发源地，素有"庐剧之乡"的美誉。民间文艺活动的传统繁多，主要有庐剧、黄梅戏、闹花船、车上轿、河蚌舞、兰花、花担、良玩。同时，传统手工业与饮食文化亦独具地方特色，羽毛扇、河蚌舞，中和祥糕点、包心粑粑等为县级非物质文化遗产。

（4）空间概况

三河镇河环水绕，河网纵横、圩堤交错，具有"外环两岸、中峙三洲"[③]的独特地貌。古街沿河屹立，古桥横跨两岸，河中舟楫往来，水景秀丽，是江淮地区典型的水网乡镇。古镇历史街区的基本格局是以鱼骨形道路系统为骨架的传统民居、特色街市、传统空间格局，整个城镇建设充分利用了湖、河、港、圹、路的自然条件，巧妙地将自然和人工有机地结合在

① 中国建筑设计院·城镇规划院历史文化保护规划研究所编制．四川省泸州市泸县立石镇保护规划（2014-2030）．2014.

②（清·嘉庆）合肥县志．安徽：黄山书社，2006.

③ 戴均良等．中国古今地名大辞典．上海：上海辞书出版社，2005.

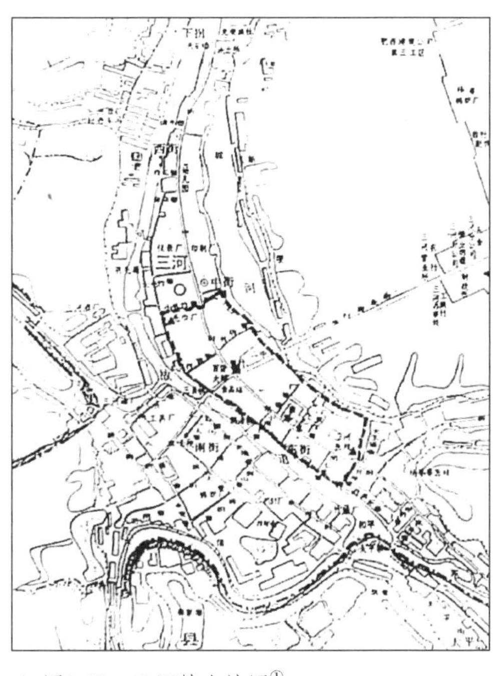

▲ 图3-57　三河镇古地图①

▲ 图3-58　三河镇空间布局

一起。

由于地貌的因素，三水环绕三河古镇，使其成为三角洲，三条河的内河堤自然成为圩堤，沿内河堤临水建设商店及住宅，中间为青石板街道。整体街区呈狭长形带状，街巷体系呈鱼骨状，主街道呈十字形，沿主街向两边伸展开街巷宅院，纵横交错，分布均匀，整体“街宅”古镇韵味和肌理清晰明了。古建筑沿河屹立，古桥横跨两岸，河中舟楫往来，水景秀丽，是典型的皖中“江南水乡”。

2. 设施调查

通过对三河镇传统公用与环境设施的调查，基本可以确定三河镇作为商贸交通型古镇，其主要的传统公用与环境设施有以下几项：

①给水排水设施：古井、排水沟涵、雨水篦子等；

②交通运输设施：河道中的古桥、水街等设施以及与河道平行的传统街巷；

③防御防灾设施：城墙、城门、城楼构成的防御体系。

① 肥西县地方志编纂委员会编制. 肥西县志. 安徽：黄山书社，1994.

◆ 三河镇传统公用与环境设施统计表　　表3-45

大类	小类	具体内容
给水排水设施	取水设施	■古井　□泉　□地表水池　□溶洞　□水车　□其他_____
	排水设施	■排水沟涵　□水街巷　□污水渠　□净化池塘　■排水口　□其他_____
	引水设施	□灌溉水渠　□镇区暗渠　□镇区明渠　□专用引水渠　□其他_____
交通运输设施	陆运交通	□驿道　□路亭　□驿站　■传统街巷　□其他_____
	水运交通	■河道　□码头　□水闸　□船埠　□避风港　■古桥　■水街　□其他_____
生产生活设施	农业设施	1. 传统耕作类型：□水田　□梯田　□旱田　□圩田　□其他_____
		2. 传统耕作设施：□水车　□引水渠　□农业水井　□水塘　□水库　□堤坝　□其他_____
		3. 传统农业生产加工场地：□晒场晒台　□传统加工场　□磨坊　□粮仓　□地窖　□其他_____
	手工业生产设施	□制瓷作坊　□造纸作坊　□酿酒厂　□砖窑　□烤烟房　□其他_____
防灾防御设施	防洪防涝设施	□镇域排洪沟　□防涝池塘　□防洪堤　□其他_____
	防火设施	□消防池　□消防水缸　□其他_____
	防御设施	■城墙　■城门　□护城河　□地道暗道　□藏兵洞　□水寨　□堡寨寨门　□防御碉楼　□烽火台　□其他
	其他防灾设施	□护坡　□护林　□其他_____
文化环境设施	信仰设施	□寺院　□教堂　□宗祠　□道观　□古塔　□庙宇　□其他_____
	文化设施	□书院　□传统园林　□风水塔　□戏台　□阁楼　□其他_____
其他特色设施		

（1）给水排水设施——取水设施

◆ 三河镇给水排水设施调查表　　表3-46

基础资料	名称：黄水井、普通水井、河道	
	建造年代：明清时期	规模尺度：遍布整个历史镇区
构造及功能	三河镇的传统取水设施主要包括普通河道与水井。其中，位于故英王府内部的黄水井历史最为悠久	

续表

作用机制		三河镇河水环绕，丰乐河、杭埠河、小南河三条河环绕古镇，不仅地表水资源丰富、地下水源丰富，且水质较好，自古便有凿井取水设施取水作为饮用水，一般生活用水则依赖镇内河流，河道两端有相应的码头、阶梯供古镇居民洗衣、洗菜用
现状分析	保存现状	古井井台及周边已进行环境整治，保存相对完好
	使用现状	已不能用于居民日常生活，现作为历史环境要素进行展览
传承利用关键问题分析	替代设施	目前三河历史镇区内的给水设施主要为供水管网，梳理给水管网、并设置干管，完善给水管网系统，提高镇区内用水质量
	传承利用难点	目前，三河镇镇区全部有市政给水设施进入，水井内的水已经不再使用。水井内水质、周边环境以及水井本身的保护和利用很难实现

▲ 图3-59　三河镇古井和历史河道

（2）交通运输设施——传统街巷

◆ 三河镇交通运输设施调查表1　　表3-47

基础资料	名称：传统街巷	
	建造年代：唐宋至明清	规模尺度："五里长街"，3~5米宽不等
构造及功能	三河镇最主要的街巷为二龙街及河北大街，是居民的生产生活提供场所，街巷上商贾云集，为商贸活动提供了物质载体	
作用机制	二龙街位于东端，为三河最古老的街宅，始于唐代。河北大街位于小南河的北岸，它又分东街、中街、西街，以中街最繁华，大商号云集，名宅大户坐落此街最多，四周有古城墙包围。街巷地面用青石板铺就，两侧商铺大多为一至二层建筑，打开大门的商铺形成一个"灰"空间，将行人视线进行延展。参差的马头墙与变化的门窗，丰富了街巷景观	

续表

现状分析	保存现状	河北大街的东街、西街及河南岸南大街还保持部分明清建筑风貌
	使用现状	目前三河古镇内传统街巷主要使用对象为古镇居民及游客
传承利用关键问题分析	替代设施	现代道路
	传承利用难点	三河镇保护规划中对部分保存较好的历史街巷进行了限时通车及规划为步行道路等措施，但此规定必须从大规划的角度进行统一协调，不适用于其他镇。因此，用技术及规划相结合的手段对历史街巷进行保护是传承和利用难点

▲ 图3-60　三河镇传统街巷（组图）

（3）交通运输设施——古桥

◆ 三河镇交通运输设施调查表2　　表3-48

基础资料	名称：三县桥	
	建造年代：始建于宋代	规模尺度：长38米，宽7米
构造及功能	由石条构成，用于居民通行	
作用机制	三县桥位于小南河与英王路交叉处，连接肥西县、舒城县、庐江县三县，故名为三县桥。徽派风格桥身与河道以及周围建筑融为一体，不仅将英王路两侧建筑风貌进行延伸，而且从横向上打开了行人的视线；远观三县桥，桥身本身与周围景观完美协调，成为另一景观特色	

续表

现状分析	保存现状	桥身已进行了整修，修整过后仍用于居民通行使用
	使用现状	主要为当地居民及游客使用
传承利用关键问题分析	替代设施	无
	传承利用难点	古桥因年代久远，已经不适合现代使用，但搁置更不利于保护。解决保护与利用的问题，以及保护的技术手段是传承和利用的难点

▲ 图3-61　三河镇三县桥（组图）

（4）防御防灾设施——城墙、城门、城楼等

◆ **三河镇防御防灾设施调查表**　　　**表3-49**

基础资料		名称：城墙、城楼、城门	
		建造年代：太平天国时期	规模尺度：原城墙东西长约500米，南北宽约250米，墙高7米
构造及功能		由城墙、城门、城楼等组成的防御体系，用于防御、护粮、瞭望，攻击阻挡入侵者	
作用机制		太平军将城墙于清咸丰五年秋修建，朝阳门城楼为后修建	
现状分析	保存现状	城墙现存两段，朝阳门段长约30米，高约7米，一段位于东街朝阳门，包括城墙、城楼、城门；另一段位于三河中学初中分部教学楼后的奠基处，现状留存段基本保存完好	
	使用现状	现用于居民日常通行和对游客展示	
传承利用关键问题分析	替代设施	无	
	传承利用难点	三河镇城墙、城楼、城门目前已经成为三河文化展示场所，如何解决设施保护与自然破坏的矛盾是展示类传统公用设施传承利用难点	

▲ 图3-62 太平天国城墙遗存（组图）

3. 三河镇传统公用与环境设施的传承利用小结

三河镇地理位置优越，位于长江中下游平原肥沃的鱼米之乡，其独特的三河环绕，直通巢湖长江的地理位置，其顺应地形便于商贸的街巷宅院的衍生发展方式，都深刻体现了水运商贸交通型古镇的特点。

由于三河的多水，地面高程相对较低等原因，所以镇区的建设与水设施息息相关。其传统公用与环境设施在水运行业发达时兴盛，在道路交通完善后衰败，有些设施保存下来并成为镇内的特色景观，对当地旅游经济的发展起了较大的作用。其中取水设施（古井、河道）和排水设施（排水沟涵、排水口）虽然保存较为完好，且仍在发挥作用，但是由于水源污染，并不能用于饮用水；交通设施（河道、古桥与传统街巷）保存较好，作为古镇特色景观发挥着重要作用；防御防灾设施（古城墙、城门）已不具备军事防御功能，一部分古城墙不复存在。

综上所述，三河古镇整体空间布局保存完好。在对三河镇的整治与开发中，当地注重保护与传承它本身的布局形式，完整保存了鱼骨状的街巷布局和周围河道水体，街巷两侧新建建筑基本同传统风貌相符，使古镇延续皖中地区“江南水乡”的景观特色。

3.3.3 湖北省钟祥市石牌镇

石牌镇位于湖北省中部、汉江平原北部，东临汉江，西接荆门市，北临钟祥市，本次调查重点为石牌镇历史镇区。

1. 整体概况调查

（1）概况

石牌古镇隶属于湖北省钟祥市，地处荆门市区和钟祥市区之间，位于荆门之东、钟祥之西南，是钟祥市四大古镇之一，也是国家级历史文化名城钟祥市历史文化的重要组成部分。镇域面积309平方公里，全镇总人口9.1万人，镇区内气候舒适宜人。距古镇东侧约2公里处，汉江从北向南依镇而过；境内河流湖泊众多，幸福河纵贯南北，竹皮河横穿东西。古镇因毗邻汉江，自古水路交通发达，商贾云集，有“小汉口”之称。

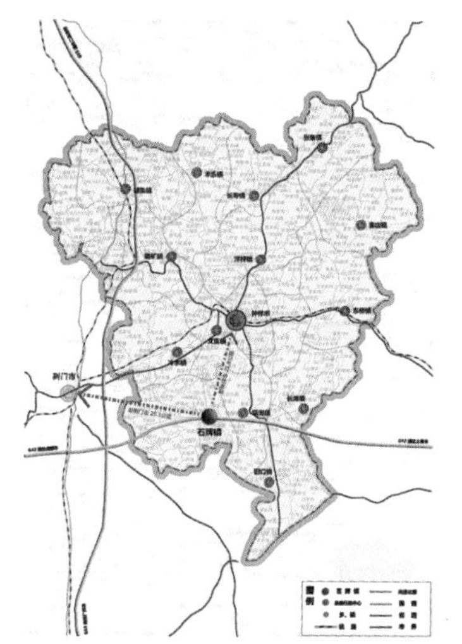

▲ 图3-63　石牌镇区位图[1]（组图）

（2）建镇渊源

石牌古镇历史沿革久远，自有史书记载，已有2000多年历史。据史籍记载，石牌镇在东汉时已成形，三国时称荆城，为军事重地，蜀汉将关羽常屯兵于此。唐宋时已成为繁华商埠，清代碑文有记载，“荆台为四镇之冠，寺兴于唐宋”，“汉水潆洄，方山耸翠，水陆舟车，辐辏云集，一带烟火迷离，不下数千户”[2]。

石牌古镇地理位置独特，位于秦岭和大洪山脉所夹通道南侧，是襄阳地区入荆州武汉地区的必经之地，因此，古镇的军事防御功能突显出来，在历代的实际战争中，形成适合石牌镇自身的防卫型城镇布局。此外，汉水作为古代荆楚大地的主要水运要道，流经石牌，使古

---

① 中国建筑设计院·城镇规划院历史文化保护规划研究所编制. 湖北省钟祥市石牌古镇保护规划（2012-2030）. 2013.

② 重修凤台寺前后佛殿碑记. 转引自钟祥市《石牌志》编纂委员会.石牌志.钟祥：钟祥县石牌公社管理委员会，1982.

镇逐渐发展成为商贾辐辏、店铺林立、戏楼酒肆繁华的商业集镇。除商贸中转之外，石牌的豆腐制作等手工业也较为发达，是促进古镇商贸发展的重要组成部分。

（3）社会概况

石牌古镇文字记载的历史长达2000多年，境内文物古迹和非物质文化遗产众多。石牌的传统演艺种类繁多，主要有汉剧、京剧、楚剧、皮影戏等，尤以汉剧为盛，被誉为“汉剧发展的摇篮”。石牌古戏楼则是汉剧艺术祖师的育成之所，石牌七处戏楼昔日观演盛况虽逝，但楚调汉腔的余味仍萦绕在人们的心中。

此外，石牌镇也是中国豆腐之乡，其豆制品制作传统可追溯到汉代，并已成功入选湖北省第四批非物质文化遗产名录，传统工艺日臻精湛。古镇现有近三万人分布于全国各地及国外从事豆制品加工业，年创产值数亿元。古镇的传统特色名吃蟠龙菜、五香豆腐干、蒸地米菜等极具地方特色。

（4）空间概况

石牌镇选址背山面水，东临汉江，西、南有马良山环绕，符合我国古代聚落选址的风水思想，这样的地理位置为石牌镇提供了充足的水源和自然的屏障。石牌镇的兴盛与衰落和河道的变迁有不可忽视的联系，河水临近镇旁时贸易兴盛，远离时而衰。[①]

石牌古镇街巷布局是“十街三巷十八门”的防御型布局格局，街巷呈“T”字形或“Y”字形交叉，道路通而不畅。镇区布局同其他滨水城镇开放型空间形态有所不同，呈现强烈的内向封闭型格局。古镇区以“点—线—面”的形式生长发展，有明显的向心性。西以望山门为头，东以汉江为尾，南北分别以来凤关和北钥门为两翼，并以东西向的上正街、集街与南北向的北门街，形成十字形主街，从而完整保存了“凤凰展翅”的历史格局。石牌古镇内保存大量明清古建筑，有戏楼、寺庙、民居等。其中，建筑与传统民居院落具有江汉平原传统民居的典型特色。

2. 设施调查

通过对石牌镇传统公用与环境设施的调查，基本可以确定石牌镇作为军事商贸综合型古镇，其主要的传统公用与环境设施有以下几项：

①交通运输设施：传统街巷、古河道及配套设施；

②生产生活设施：豆腐作坊；

③防御防灾设施：街巷、碉楼构成的防御体系；

④文化环境设施：传统汉剧戏台。

---

① 李百浩，叶裕民. 因邑而兴的湖北古镇——钟祥石牌. 华中建筑，2006，2（24）：136-142.

◆ 石牌镇传统公用与环境设施统计表　　表3-50

大类	小类	具体内容
给水排水设施	取水设施	■古井　□泉　□地表水池　□溶洞　□水车　□其他______
	排水设施	□排水沟涵　□水街巷　□污水渠　□净化池塘　□排水口　□其他______
	引水设施	□灌溉水渠　□镇区暗渠　□镇区明渠　□专用引水渠　□其他______
交通运输设施	陆运交通	□驿道　□路亭　□驿站　■传统街巷　□其他______
	水运交通	■河道　□码头　□水闸　□船埠　□避风港　□古桥　□水街　□其他______
生产生活设施	农业设施	1. 传统耕作类型：□水田　□梯田　□旱田　□圩田　□其他______
		2. 传统耕作设施：□水车　□引水渠　□农业水井　□水塘　□水库　□堤坝　□其他______
		3. 传统农业生产加工场地：□晒场晒台　□传统加工场　□磨坊　□粮仓　□地窖　□其他______
	手工业生产设施	□制瓷作坊　□造纸作坊　□酿酒厂　□砖窑　□烤烟房　■其他___豆腐作坊___
防灾防御设施	防洪防涝设施	□镇域排洪沟　□防涝池塘　□防洪堤　□其他______
	防火设施	□消防池　□消防水缸　□其他______
	防御设施	□城墙　□城门　□护城河　□地道暗道　□藏兵洞　□水寨　□堡寨　寨门　■防御碉楼　□烽火台　□其他______
	其他防灾设施	□护坡　□护林　□其他______
文化环境设施	信仰设施	□寺院　□教堂　□宗祠　□道观　□古塔　□庙宇　□其他______
	文化设施	□书院　□传统园林　□风水塔　■戏台　□阁楼　□其他______
其他特色设施		

（1）交通运输设施——传统街巷

◆ 石牌镇交通运输设施调查表1　　表3-51

基础资料	名称：传统街巷	
	建造年代：清代	规模尺度：宽高比为0.8～2.0
构造及功能	以“十字街”为骨架的传统街巷，原用于居民日常生活以及军事防御	

续表

作用机制		石牌镇街巷布局以“十字街”为骨架，形成“十街三巷十八门”防御型格局。街巷呈“T”字形或“Y”字形交叉，道路通而不畅。街巷建造时，注重街巷功能与街巷界面景观的协调，商业、生活与防御街巷的尺度相协调。 街巷交叉形态的形成与居民的建造心理有关，采用丁字形而非十字形，是为了“辟邪”，如同北方四合院的入口照壁一样，反映了一定的民俗文化。另一方面，道路通而不畅，客观上满足了当时军事防御的需要。从空间上讲，也避免了视线一览无余，产生了曲折幽深之意。至新中国成立前，在各街巷入口和交会处尚存有供安全防卫的关卡，每到夜间或外敌侵入时便关闭各门
现状分析	保存现状	道路格局尚在，路面保存较好
	使用现状	已无防御功能需求，仅限日常使用，虽可以满足日常生活需求，但基础设施落后
传承利用关键问题分析	替代设施	外部交通道路
	传承利用难点	对于历史上具有某些特定功能需求的街巷，其体量、空间、尺寸都具有一定的建造规律。石牌古镇由于其历史上各个时期的不同功能的转变，其传统街巷不同功能的建造尺度，具有一定的保护研究价值

▲ 图3-64　石牌镇街巷

街巷类型	剖面示意	街巷宽度/m	高度比	人的感受
商业街		5~8	0.8~1.6	舒适，稍有空旷的感觉，愿意进行目的性的活动
居住性街道1		3~5	0.8~2.0	舒适，心里安定，愿意进行长时间驻留活动
居住性巷道2		2~3	1.3~2.6	亲切，心情放松，愿意进行短时间驻留活动
交通性巷道		1~2	>2.5	尺度狭长，适合交通穿行，有压抑感

▲ 图3-65　不同功能街巷对比

（2）交通运输设施——古河道及配套设施

◆ 石牌镇交通运输设施调查表2　　表3-52

基础资料	名称：幸福河	
	建造年代：清代	规模尺度：不详
构造及功能	幸福河是石牌古镇的母亲河，为汉江支流，在石牌镇各历史时期起到了重要的作用，运输及军事防御都围绕幸福河产生	

续表

<table>
<tr><td colspan="2">作用机制</td><td>历史汉江及幸福河在石牌段的河道变迁，也对其发展产生了不可忽视的影响，河道航运能力影响古镇贸易兴衰，河道东移则得沃土农耕</td></tr>
<tr><td rowspan="2">现状分析</td><td>保存现状</td><td>水量减少，河道存在一定生活污水的污染，部分河岸边建设住宅及工业</td></tr>
<tr><td>使用现状</td><td>不再具有运输功能，部分作为河道景观</td></tr>
<tr><td rowspan="2">传承利用关键问题分析</td><td>替代设施</td><td>公路交通取代水运交通</td></tr>
<tr><td>传承利用难点</td><td>提升河道景观环境、水质，且把幸福河作为古镇重要设施保护改善，从而全面提升石牌古镇人居环境</td></tr>
</table>

▲ 图3-66　石牌镇幸福河

（3）生产生活设施——传统工艺豆腐制作坊

◆ 石牌镇生产生活设施调查表　　表3-53

<table>
<tr><td colspan="2" rowspan="2">基础资料</td><td colspan="2">名称：豆腐制作工艺</td></tr>
<tr><td>建造年代：</td><td>规模尺度：</td></tr>
<tr><td colspan="2">构造及功能</td><td colspan="2"></td></tr>
<tr><td colspan="2">作用机制</td><td colspan="2">使用传统石墨、卤水等原料和工具进行豆腐加工，并延续了历史豆腐工艺</td></tr>
<tr><td rowspan="2">现状分析</td><td>保存现状</td><td colspan="2">基本保存完整，保留及传承了传统豆腐的制作工艺</td></tr>
<tr><td>使用现状</td><td colspan="2">仍作为当地豆腐生产的主要方式</td></tr>
</table>

续表

传承利用关键问题分析	替代设施	现代豆腐生产工艺
	传承利用难点	现代化工艺对传统工艺的冲击很大，需要从古镇大环境入手，提升传统工艺的生命力

▲ 图3-67　石牌镇豆腐制作工艺（组图）

（4）防御防灾设施——碉楼

◆ **石牌镇防御防灾设施调查表**　　**表3-54**

基础资料		名称：闾门、狮子口	
		建造年代：清代	规模尺度：
构造及功能		修建于历史街巷防御功能的构筑物站岗、放哨等防御行为的发生地，部分街巷的开闭口	
作用机制		从位置分布看，闾门均设在道路入口或连接点等人流停顿或交汇处，形成石牌特有的空间节点。同时，闾门具有一定的空间分隔作用，暗街巷空间的开始与结束，隔而不断，增加了空间层次[①]	
现状分析	保存现状	20世纪90年代修缮，基本结构保存较好，但内部装饰装修部分损毁	
	使用现状	作为展览景观，较好地展示了古镇防御设施的建造工艺	
传承利用关键问题分析	替代设施	无	
	传承利用难点	防御建筑的制造工艺复杂，在修复和维护中有很大的困难	

① 李百浩，叶裕民. 因邑而兴的湖北古镇——钟祥石牌. 华中建筑，2006，2（24）：136-142.

▲ 图3-68　石牌镇防御设施（组图）

（5）文化环境设施——戏台

◆ 石牌镇文化环境设施调查表　　表3-55

<table>
<tr><td colspan="2" rowspan="2">基础资料</td><td colspan="2">名称：关帝庙戏楼</td></tr>
<tr><td>建造年代：清代</td><td>规模尺度：建筑面积约100平方米</td></tr>
<tr><td colspan="2">构造及功能</td><td colspan="2">戏楼坐北向南，是一座单檐两层勾连搭歇山顶木结构建筑，由主楼和抱厦两部分组成。抱夏部分为戏班表演舞台，主楼上部三间为戏班表演时所用房间，底层为戏班日常起居室</td></tr>
<tr><td colspan="2">作用机制</td><td colspan="2">戏楼平面呈“凸”字形，2层，分前台、后室：前台面阔4米，进深3.1米，单檐歇山灰瓦顶，间杂有黄色琉璃瓦，抬梁式构架，一层原为过道，有楼梯上二层戏台；后室面阔三间12米，进深5.9米，单檐歇山灰瓦顶，明间为抬梁式构架，两山为穿斗式构架，一层原为关帝庙山门，二层为后台。二层四周以前均为镂空栏杆，现已围以实墙。戏楼人字形斗栱雕刻玲珑，备极工致，形式独特。东、南、西三面为独立的攒式斗栱，有的起承重作用，承托平綦枋，有的起纯粹的装饰作用，仅建筑外侧有半攒斗栱，而内侧半攒略去，具有强烈的地域性特色</td></tr>
<tr><td rowspan="2">现状分析</td><td>保存现状</td><td colspan="2">关帝庙戏楼为现仅存的公共建筑，现为湖北省文保单位。戏楼创建于清康熙五十三年至五十六年（1714～1717年），重修于清康熙四十二年（1777年），从创建到现在，历时300余年。外地来此演出的有名戏班，仅有文字记载的就有20多个，虽经多次兵乱浩劫，风雨摧残，但整个建筑主体仍完好</td></tr>
<tr><td>使用现状</td><td colspan="2">戏楼仍用于戏班表演</td></tr>
</table>

续表

传承利用关键问题分析	替代设施	无
	传承利用难点	戏楼建造工艺复杂，装饰精美，艺术性极高，维修与恢复中有很大困难

▲ 图3-69　石牌镇关帝庙戏楼（组图）

3. 石牌镇传统公用与环境设施的传承利用小结

石牌镇位于背山带河的地理位置，前有汉水提供充足的水源，三面有马良山作为天然屏障围合，使其成为自古军事重地。随着战事减缓，依托汉水便利的交通条件，石牌镇逐渐发展成为繁华的区域型商贸集镇。古镇地理环境、社会文化等因素影响着本地各项设施的形成，其中最具代表的传统公用与环境设施有：交通运输设施、生产生活设施、防御防灾设施、文化环境设施。

石牌古镇的交通运输设施，特别是历史街巷在空间格局、尺度等方面不仅具有军事防御特点，也根据不同空间功能对街巷体量、尺度、两侧建筑等方面进行相应的调整，这种城镇规划的延续性设计智慧具有传承与利用价值；豆腐作坊等生产生活设施作为居民日常所需被完整保留下来，同时随着人们对中华古老美食重视程度的日益增加，传统的豆腐制作工艺被更多人重视，石牌镇传统豆腐作坊可以得到良好的传承与利用；作为防御设施的城门、城楼等设施保存一般，但是其防御型空间布局延伸至整个石牌镇；石牌镇的历史建筑作为本地特色景观设施的重要元素，装饰艺术性极高，富有地域特色。但是因为古建筑材料容易腐蚀，有些建筑已经损毁，更有建筑损毁严重而被废弃。如何保护木结构建筑成为石牌镇传统环境设施的传承利用难点。

3.3.4　安徽省六安市寿县瓦埠镇

瓦埠镇位于安徽省六安市，据《寿县志》记载“在西汉时曾为成德县治”，至今已有2600多年历史。本次调查重点为瓦埠镇历史镇区。

1. 整体概况调查

（1）概况

瓦埠镇位于安徽省中部偏北，寿县东南部，瓦埠湖南岸，北距县城30公里，距煤城淮南60公里，南距省会合肥65公里，通过东部合蚌高速南至省会合肥，北至县城寿县和淮南市。镇域面积68平方公里，古镇区面积约40公顷。瓦埠镇具有水路交通优势，水路可通过淮河入海，水上货运交通发达，陆运直达合肥。历史上瓦埠镇曾是江淮重要的商品集散地，商贾云集，商贸发达，有“金瓦埠”之誉。

（2）建镇渊源

瓦埠镇据文字记载有2600多年的历史。瓦埠镇在汉代时曾为成德县治，晋废，元朝称瓦埠站，明清时称街。春秋末，孔子弟子宓子贱由鲁使吴经此，病卒葬于此，墓冢尚存，后人建宓子祠，修子贱坟，称瓦埠镇为“君子镇”。民国期间，在此置瓦埠乡。建国后，瓦埠区公所所在地先后属瓦埠乡、瓦埠公社、瓦埠渔业公社。1983年设镇，属瓦埠区乡级镇，当时镇辖人口7000余人。1992年3月撤区并乡，将原瓦埠乡、埠渔业社、瓦埠镇合并为瓦埠镇至今。

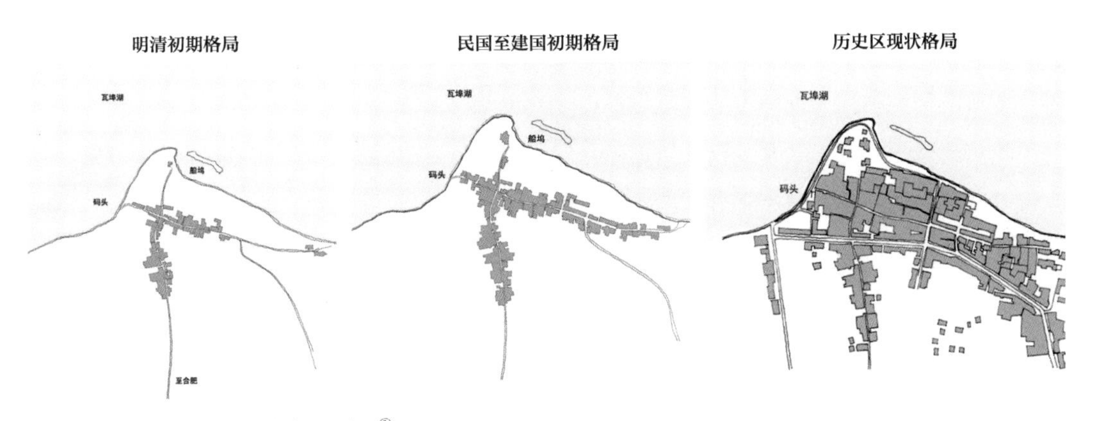

▲ 图3-70　瓦埠镇格局演变推测图[①]

① 中国建筑设计院·城镇规划院历史文化保护规划研究所编制. 安徽省寿县瓦埠镇保护规划（2014-2030）. 2014.

（3）社会概况

瓦埠镇因瓦埠湖而得名，有众多文物古迹和独特的自然和人文资源。瓦埠湖系江淮之间最大的行滞洪湖泊，安徽省五大淡水湖之一，水面24万多亩，水域辽阔，水质优良，盛产银鱼、瓦虾。在瓦埠湖南岸，传统商业与驿路文化汇集区，依托码头和船埠，形成沿湖商业街，即瓦埠镇。春秋时期孔子的弟子宓子贱曾途径瓦埠镇讲学，并最终卒于此。传统滨湖商业文化和宓子贱影响下的儒学文化是瓦埠镇最重要的文化特色。

瓦埠镇区内共有历史文化遗存17处，其中文保单位及登记的不可移动文物9处，集中分布在十字街附近。明清民居建筑群落主要建筑有拐阁楼、方和平烈士故居、瓦埠清真寺、方振武故居、陈景荣住宅等，拥有保存完好的十字状的古街道4条，以及码头、船埠等重要传统设施和瓦埠湖湖岸水线等，至今保留着较为完整的历史风貌。

（4）空间概况

瓦埠镇选址在瓦埠湖南岸，水陆商业文化主导了镇区格局的特色，形成以码头—商业街为核心的空间构架。瓦埠镇历史格局由镇区内十字街和外部滨湖沿线内外两重空间构成。

内部格局以十字街商业街为核心的历史街巷作为历史区骨架结构，宓子祠与清真寺等重要公共建筑为重要的空间节点，周边为传统商业店铺、民居以及其他重要家族的历史民居大院等。外部格局由西部的码头、北部的船埠等重要传统设施以及瓦埠湖湖岸水线组成。

2. 设施调查

瓦埠镇由传统水运码头集市发展而来，逐渐成为商贸交通功能的古镇，儒学文化底蕴深厚。主要的传统公用与环境设施有以下几项：

①给水排水设施：古井、排水暗渠；

②交通运输设施：传统街巷、码头、船埠；

③生产生活设施：街巷两侧的传统商铺、老浴池；

④文化环境设施：基督教堂、清真寺、宓子祠。

◆ 瓦埠镇传统公用与环境设施统计表　　表3-56

大类	小类	具体内容
给水排水设施	取水设施	■古井　□泉　□地表水池　□溶洞　□水车　□其他___
	排水设施	■排水沟涵　□水街巷　□污水渠　□净化池塘　□排水口　□其他______
	引水设施	□灌溉水渠　□镇区暗渠　□镇区明渠　□专用引水渠　□其他______
交通运输设施	陆运交通	□驿道　□路亭　□驿站　■传统街巷　□其他______
	水运交通	□河道　■码头　□水闸　■船埠　□避风港　□古桥　□水街　□其他______
生产生活设施	农业设施	1. 传统耕作类型：□水田　□梯田　□旱田　□圩田　□其他______
		2. 传统耕作设施：□水车　□引水渠　□农业水井　□水塘　□水库　□堤坝　□其他______
		3. 传统农业生产加工场地：□晒场晒台　□传统加工场　□磨坊　□粮仓　□地窖　□其他______
	手工业生产设施	□制瓷作坊　□造纸作坊　□酿酒厂　□砖窑　□烤烟房　■其他____传统商铺、老浴池____
防灾防御设施	防洪防涝设施	□镇域排洪沟　□防涝池塘　□防洪堤　□其他______
	防火设施	□消防池　□消防水缸　□其他______
	防御设施	□城墙　□城门　□护城河　□地道暗道　□藏兵洞　□水寨　□堡寨寨门　□防御碉楼　□烽火台　□其他
	其他防灾设施	□护坡　□护林　□其他______
文化环境设施	信仰设施	■寺院　■教堂　□宗祠　□道观　□古塔　□庙宇　□其他______
	文化设施	■书院　□传统园林　□风水塔　□戏台　□阁楼　□其他______
其他特色设施		

（1）给水排水设施——古井

◆ 瓦埠镇给水排水设施调查表　　表3-57

基础资料	名称：古井	
	建造年代：不详	规模尺度：古镇区内分布有约5处
构造及功能	瓦埠镇传统取水设施主要包括瓦埠湖以及古镇内的石砌取水井	

续表

作用机制		瓦埠镇临瓦埠湖，地下水资源丰富，自古镇内居民用水主要依靠瓦埠湖以及挖井取水，并利用湖边埠头进行洗衣洗菜等活动
现状分析	保存现状	古井保存情况良好，但周边环境亟需治理维护
	使用现状	大部分古井内仍有水，具有取水功能，但水质相对较差，古井取出的水大多用作除饮用外的一般生活用水，居民在日常生活中对其使用较少
传承利用关键问题分析	替代设施	古镇大部分区域已通给水管网，作为现今主要的给水设施，但仍需进一步完善古镇主次给水管网系统，提高用水质量
	传承利用难点	瓦埠镇古井如今使用率较低，如何做好古井及周边环境的保护，挖掘古井的展示利用等新功能，是传承利用的难点

▲ 图3-71　瓦埠镇古井（组图）

（2）交通运输设施——传统街巷、船埠

◆ **瓦埠镇交通运输设施调查表**　　**表3-58**

基础资料	名称：传统街巷	
	建造年代：明清	规模尺度：主街巷宽5～8米，长约1000米
构造及功能	古镇内部有东、西、南、北四条大街，最初为依托码头和船埠形成的沿湖商业街，现今留存的为明清时期的古石板街，被评为县级文物保护单位，随着瓦埠新镇区的发展，古街商业功能逐渐减少，现主要作为生活街巷使用	
作用机制	十字商业街为古镇核心架构，以传统青石铺砌，两侧为传统商业店铺或民居，街巷宽5～8米，保存基本完整。普通历史街巷主要为居民生活居住使用，从十字街通往各个住户，均为泥土路面形式，道路宽度变化较大，1～3米不等	

续表

现状分析	保存现状	现状十字大街石板路已经残破，曾进行过敷设地下给水管道的工程，重新进行过石板的铺设，因长久使用，现状部分路段石板高低不平。街巷缺少绿化，环境卫生较脏乱
	使用现状	现状街巷的通行水平较差，给行人通行带来不便
传承利用关键问题分析	替代设施	无
	传承利用难点	瓦埠镇传统街巷青石板路面高低不平，通行能力差，如何对路面进行修复维护，并解决过重车辆通行对路面损坏的问题，实现传统青石板街的长久保护，是传承利用的难点

▲ 图3-72 瓦埠镇传统商业街

◆ 瓦埠镇交通运输设施调查表 表3-59

基础资料		名称：船埠	
		建造年代：不详	规模尺度：约1.3公顷
构造及功能		瓦埠古船埠位于瓦埠古镇北部瓦埠湖沿岸的水湾中，传统为渔民停靠船只使用	
作用机制		利用原有的湖泊环境，经过人工清理，建设形成船埠。古镇渔民在此停靠船只，部分渔民在船上居住或堤上建房居住	
现状分析	保存现状	古船埠保存了大量传统渔船，目前船埠水岸简陋，周边环境脏乱，环境设施缺乏	
	使用现状	目前仍作为船埠使用，有少量瓦埠居民在船上居住，居住条件较差，且存在安全隐患	
传承利用关键问题分析	替代设施	无	
	传承利用难点	船埠现今仍作为船只停靠的港湾使用，但利用不足，需要提升周边环境质量，增加相应配套设施。对船埠展示、休憩、观赏等新功能的提升是传承利用的难点	

▲ 图3-73　瓦埠镇古船埠

（3）生产生活设施：街巷两侧的传统商铺、老浴池

◆ 瓦埠镇生产生活设施调查表1　　表3-60

<table>
<tr><td colspan="2" rowspan="2">基础资料</td><td colspan="2">名称：拐阁楼</td></tr>
<tr><td>建造年代：明清</td><td>规模尺度：建筑面积约60平方米</td></tr>
<tr><td colspan="2">构造及功能</td><td colspan="2">拐阁楼位于瓦埠古十字街口东南角，历史上为商业功能建筑。建筑通体木结构，下为石质台基，室内有二层阁楼。西和北两面各有四扇窗户，拐角处为木板铺面门，屋檐有石质雕花装饰，为典型的沿淮中下游传统商业建筑风格</td></tr>
<tr><td colspan="2">作用机制</td><td colspan="2">拐阁楼为传统商业建筑，门面具有典型商业建筑的特征，营业时将木质门板拆下作为木板铺面，用于售卖商品，傍晚闭店时将门板收起</td></tr>
<tr><td rowspan="2">现状分析</td><td>保存现状</td><td colspan="2">现状建筑主体结构保存完好，木结构存在老化现象，墙面保存完整，门窗符合传统风貌，建筑内外搭设的电力线杂乱，有一定的安全隐患</td></tr>
<tr><td>使用现状</td><td colspan="2">现仍作为零售商店使用</td></tr>
<tr><td rowspan="2">传承利用关键问题分析</td><td>替代设施</td><td colspan="2">无</td></tr>
<tr><td>传承利用难点</td><td colspan="2">拐阁楼建造年代久远，存在结构老化的现象，传承利用的难点在于如何在延续传统建筑风貌的前提下，对现有建筑结构加固维修，对影响风貌的电力设施进行改造，维护好屋面小瓦和石雕等特色构件，使其延续传统商业店铺的功能，服务于古镇居民</td></tr>
</table>

▲ 图3-74　瓦埠镇传统商铺（组图）

◆ 瓦埠镇生产生活设施调查表2　　表3-61

<table>
<tr><td rowspan="2" colspan="2">基础资料</td><td colspan="2">名称：泉新浴池</td></tr>
<tr><td>建造年代：清</td><td>规模尺度：建筑面积约410平方米</td></tr>
<tr><td colspan="2">构造及功能</td><td colspan="2">泉新浴传统的多进院落空间基本保存，建筑为砖木结构，墙面抹灰处理，屋面铺设小瓦，有石雕装饰</td></tr>
<tr><td colspan="2">作用机制</td><td colspan="2">泉新浴内部空间分为公共浴堂、单间等，保存有大量传统浴池设施，是瓦埠老镇区唯一的公共浴池</td></tr>
<tr><td rowspan="2">现状分析</td><td>保存现状</td><td colspan="2">院落局部进行过改建，传统建筑结构保存良好，部分墙面斑驳老旧，现状屋面风貌良好，部分门窗改为合金门窗</td></tr>
<tr><td>使用现状</td><td colspan="2">至今仍作为浴池在使用，部分建筑为居住功能</td></tr>
<tr><td rowspan="2">传承利用关键问题分析</td><td>替代设施</td><td colspan="2">无</td></tr>
<tr><td>传承利用难点</td><td colspan="2">院落内为适应现代生活进行了改建，如何恢复传统建筑风貌，提升浴池环境与安全条件，延续传统浴池的活力，是传承利用的难点</td></tr>
</table>

▲ 图3-75　瓦埠镇老浴池

（4）文化环境设施：宓子祠

◆ **瓦埠镇文化环境设施调查表** **表3-62**

<table>
<tr><td colspan="2" rowspan="2">基础资料</td><td colspan="2">名称：宓子祠</td></tr>
<tr><td>建造年代：始建年代不详</td><td>规模尺度：建筑面积约60平方米</td></tr>
<tr><td colspan="2">构造及功能</td><td colspan="2">宓子祠现存仪门，即瓦埠镇小学正门，仪门坐北朝南，为传统砖木结构，抬梁木构架，面阔三间，一明两暗形式，进深四架椽，青瓦覆盖屋面，清水瓦屋脊。两端硬山墙，磨盘檐头。前后檐露檐椽明造，前后墙出梁头。前后门洞，前方后拱券。前门内凹，有一对方形枕石，门额上嵌石匾，篆刻“先贤宓子祠”五字</td></tr>
<tr><td colspan="2">作用机制</td><td colspan="2">宓子祠为纪念孔子弟子宓不齐所建的祠堂。宓不齐为春秋时期孔子七十二贤人之一，字子贱，春秋末鲁人，由鲁使吴经瓦埠镇，在此设堂讲学，后病卒葬于此。后在祠堂原址上建瓦埠镇小学。现为县级文物保护单位，亦为中共寿凤临时县委会旧址、中共寿县第二次代表大会旧址、中共寿县第三次代表大会遗址</td></tr>
<tr><td rowspan="2">现状分析</td><td>保存现状</td><td colspan="2">宓子祠现仅存仪门，经历次修缮保存情况良好</td></tr>
<tr><td>使用现状</td><td colspan="2">现作为瓦埠镇小学入口大门使用中</td></tr>
<tr><td rowspan="2">传承利用关键问题分析</td><td>替代设施</td><td colspan="2">无</td></tr>
<tr><td>传承利用难点</td><td colspan="2">宓子祠现状主体建筑已不存在，如何恢复祠堂传统形制、弘扬传统儒家文化与治学文化，是传承利用的难点</td></tr>
</table>

▲ 图3-76　瓦埠镇宓子祠（组图）

3. 瓦埠镇传统公用与环境设施的传承利用小结

瓦埠古镇因码头商贸活动而兴起，是沟通了寿县与合肥的水陆驿站和传统商业重镇，亦是宓子贱设堂讲学的文化重镇。镇内完整保留了外部滨湖沿线与内部十字街格局的两重空间格局，由传统青石板街巷公用交通设施，码头、船埠等水运交通设施，沿传统街巷商业铺面，宓子祠、清真寺等传统文化环境设施，以及排水暗渠、古井等给排水设施等组成的传统公用与环境设施。

瓦埠镇船埠、码头、传统街巷、商铺等设施是瓦埠镇水运商贸活动兴盛的见证，反映了古镇的特色水运商贸文化。但是随着瓦埠镇水运交通和商贸活动的没落，古镇居民人口的减少，对船埠、商铺等设施的利用逐渐减少，设施缺少维护，码头形式也已经被改造，以适应现代船只的运输需求。传统青石板街巷因年久失修和铺设给水管线，出现路面不平的现象，影响通行，瓦埠镇对外围部分街巷进行了道路硬化，出现了硬化道路与传统风貌不符的新问题。传统商铺和老浴池亟需建筑修缮与环境整治，反映传统儒家文化与治学文化的宓子祠也只保留了部分建筑。古镇已用给水管网取代了水井取水，水井的水质与水量均难以满足现今居民的生活使用。

瓦埠镇在环境整治、文化设施修缮利用方面已开展工作，但镇内传统公用与景观设施仍需在维护传统设施与周边环境风貌的基础上，结合瓦埠镇未来特色旅游的发展，进行进一步的修缮与功能提升。

3.4 闽粤琼等东南地区

闽粤琼等东南沿海地区包含广东、福建、江西、广西等地，这一区域的历史文化村镇一部分是在南宋中国经济文化重心南移后兴起的商业文化集镇，另一部分是在中国几次南北大分裂中，凭借其特殊的地形地貌，形成的军事防御集镇。同时，多民族融合的大环境下，使得广东、广西、福建等地民居及传统公用设施较为集中且特色明显，与本书调查的其他区域相区别。

根据历史文化名镇的形成机制，研究历史文化名镇所处的区域环境、气候、地形、文化影响的差异，在传统形态、建筑文化、民风民俗中呈现出的不同特征。因此，调查范围主要分为以自然环境条件，如气候、地形、地质地貌等因素对名镇形态、建筑形式及公用设施等方面的影响较大的广西、海南等地为主，以及以人文环境条件，如文化区位、宗教信仰和民风民俗等方面影响较大的福建、广东等地为主。

◆ 闽粤琼等沿海地区调查清单　　表3-63

省份	历史文化名镇	特色类型	备注
海南	定城镇	建筑遗产型	
广西	中渡镇	军事防御型	★
福建	元坑镇	建筑遗产型	
广东	松口镇	民族特色型	

★重点调研

3.4.1　广西壮族自治区鹿寨县中渡镇

中渡镇位于广西壮族自治区鹿寨县西北部，洛江中下游，是广西历史四大名镇之一。本次主要调查地区为中渡镇历史镇区。

1. 整体概况调查

（1）概况

中渡镇位于广西壮族自治区鹿寨县西北部，洛江中下游，距鹿寨县县城约28公里，距柳州市区约72公里。镇域面积374平方公里，全镇总人口42944人。北接永福县三皇乡和永安乡，南面跟鹿寨县城交界，西与平山镇接壤，东与黄冕乡镇相连。

（2）建镇渊源

中渡古镇的形态发展主要经历了四个阶段：元至明代为洛荣：依靠洛江，交通便利。元末，中渡镇成为中原王朝防御少数民族起义和匪患的重要军事据点。至明代，设置巡检司，

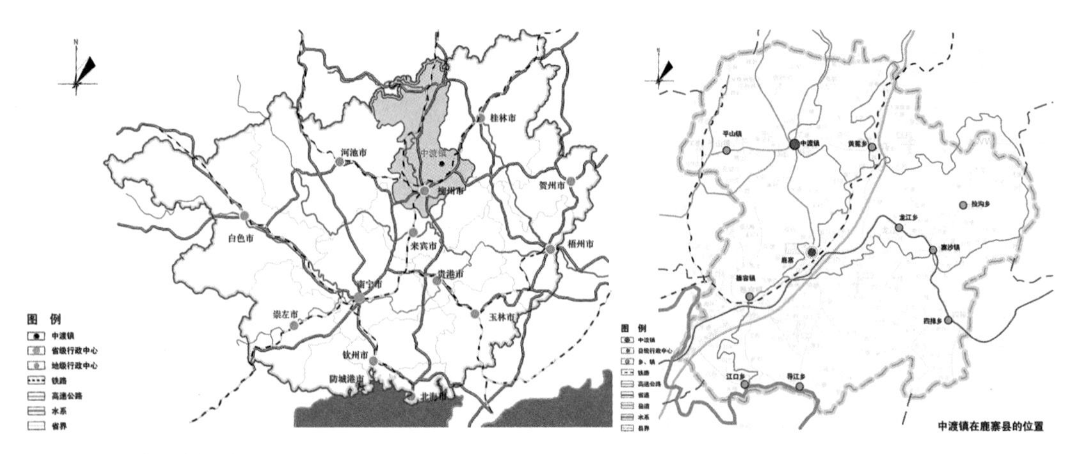

▲ 图3-77　中渡镇区位图

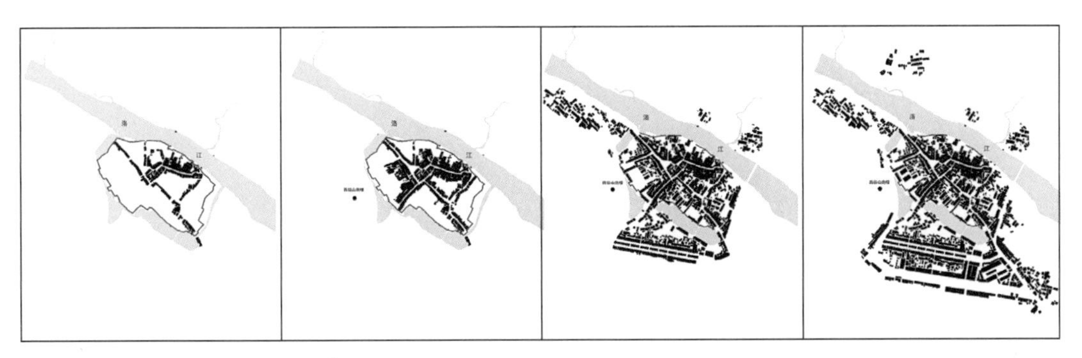

▲ 图3-78　中渡镇格局演变图①

"城门—护城河—城墙"的防御体系逐渐形成；清代为中渡：军事地位凸显，设置军事管理区中渡抚民厅，指挥周边各级防务。中渡镇的建设以武装和防备为重点，修建西眉山炮楼，军事防御规模逐步形成；至民国时期：经济政治地位凸显，借水运之力，经济发展较快，镇区建设突破城墙向南发展，此时修建众多会馆，并建成民国街，成为当时规模较大的商贸集散地；20世纪80年代后期：改革开放促使经济发展，推动城市建设进一步南扩，当地政府保护与发展并重，形成目前的城市形态。

（3）社会概况

中渡镇是中原王朝防御少数民族起义和匪患的重要军事据点，是洛江沿线重要的军事、商贸重镇，自然风光秀丽、民俗文化丰富、传统生活方式保持完好。渡口文化、武备文化表现突出，是广西多文化地区的典型代表。此外，中渡镇地处柳州、桂林两旅游线路中部，拥有香桥岩溶、响水瀑布等国家级景观资源，整体旅游发展潜力巨大。

（4）空间概况

"山—水—城"空间格局完整延续，"城河一体"的军事防御体系保存较为完整，街巷格局、历史遗存、建筑特征特色突出。中渡古镇形成于三国时期，便在现中渡镇辖区内的马安村常安屯设置长安县，屯兵驻守，自古为军事重镇，几经战火洗礼，至今仍保存完整的"城门—护城河—城墙"的防御体系以及古镇空间形态中防御性的特点。中渡镇不仅是古代防御格局的典型，也是风水学选址的经典，依山傍水，环境和谐。在聚落的选址上，古镇北临洛江，西南靠西眉山，南面护城河，形成护城河、城墙、洛江"山水城"的空间格局，进可攻，退可守。

① 中国建筑设计院·城镇规划院历史文化保护规划研究所编制．广西壮族自治区鹿寨县中渡古镇保护规划（2014-2030）.

2. **设施调查**

作为以军事防御为主要历史功能的中渡古镇，保存较好的传统设施有以下几项：

①给水排水设施：排水沟渠；

②交通运输设施：传统街巷、河道、码头、古桥等；

③防御防灾设施：城墙、护城河。

◆ **中渡镇传统公用与环境设施统计表** 表3-64

大类	小类	具体内容
给水排水设施	取水设施	□古井 □泉 □地表水池 □溶洞 □水车 □其他______
	排水设施	■排水沟涵 □水街巷 □污水渠 □净化池塘 □排水口 □其他______
	引水设施	□灌溉水渠 □镇区暗渠 □镇区明渠 □专用引水渠 □其他______
交通运输设施	陆运交通	□驿道 □路亭 □驿站 ■传统街巷 □其他______
	水运交通	■河道 ■码头 □水闸 □船埠 □避风港 ■古桥 □水街 □其他______
生产生活设施	农业设施	1. 传统耕作类型：□水田 □梯田 □旱田 □圩田 □其他______
		2. 传统耕作设施：□水车 □引水渠 □农业水井 □水塘 □水库 □堤坝 □其他______
		3. 传统农业生产加工场地：□晒场晒台 □传统加工场 □磨坊 □粮仓 □地窖 □其他______
	手工业生产设施	□制瓷作坊 □造纸作坊 □酿酒厂 □砖窑 □烤烟房 □其他______
防灾防御设施	防洪防涝设施	□镇域排洪沟 □防涝池塘 □防洪堤 □其他______
	防火设施	□消防池 □消防水缸 □其他______
	防御设施	■城墙 □城门 ■护城河 □地道暗道 □藏兵洞 □水寨 □堡寨寨门 □防御碉楼 □烽火台 □其他______
	其他防灾设施	□护坡 □护林 □其他______
文化环境设施	信仰设施	□寺院 □教堂 □宗祠 □道观 □古塔 □庙宇 □其他______
	文化设施	□书院 □传统园林 □风水塔 □戏台 □阁楼 □其他______
其他特色设施		

（1）给水排水设施——排水沟渠

◆ 中渡镇给水排水设施调查表　　表3-65

<table>
<tr><td colspan="2" rowspan="2">基础资料</td><td colspan="2">名称：排水沟渠</td></tr>
<tr><td>建造年代：不详</td><td>规模尺度：分布于整个历史镇区</td></tr>
<tr><td colspan="2">构造及功能</td><td colspan="2">作为中渡古镇排水系统的重要组成部分，排水沟渠多沿历史街巷设置，以条石为主要材质，用于排放雨水及部分生活污水</td></tr>
<tr><td colspan="2">作用机制</td><td colspan="2">中渡镇位于洛江南岸，整个古镇西高东低，整体自然排水至洛江，镇内通向洛江的码头，成为古镇与洛江的连通要道，更是古代至关重要的军事关口。简单的石凿工艺及操作技术，便形成坚不可摧的关卡与排水系统</td></tr>
<tr><td rowspan="2">现状分析</td><td>保存现状</td><td colspan="2">保存良好，仍作为镇内雨水排污系统</td></tr>
<tr><td>使用现状</td><td colspan="2">用于日常用水</td></tr>
<tr><td rowspan="2">传承利用关键问题分析</td><td>替代设施</td><td colspan="2">目前传统街巷仍在使用</td></tr>
<tr><td>传承利用难点</td><td colspan="2">历史街巷在尺度、设施等方面存在不满足现在生活需求的情况，如何在维持现有街巷尺度，传统设施使用的基础上，使其进一步适应现在生活是传承利用难点</td></tr>
</table>

▲ 图3-79　排水沟渠（组图）

（2）交通运输设施——传统街巷

◆ **中渡镇交通运输设施调查表1** 表3-66

<table>
<tr><td colspan="2" rowspan="2">基础资料</td><td colspan="2">名称：传统街巷</td></tr>
<tr><td>建造年代：明清时期</td><td>规模尺度：约1500米</td></tr>
<tr><td colspan="2">构造及功能</td><td colspan="2">以武圣宫为核心，形成5条放射状的历史街巷</td></tr>
<tr><td colspan="2">作用机制</td><td colspan="2">中渡古镇5条完整的历史街巷，以武圣宫为核心，东、西、南、北四条街道各自延伸开来，形成东、西、南、北放射状的整体空间格局，街道骨架基本保持明清时期的格局。历史街巷内民居建筑多为小开间大进深，垂直于街巷叶脉状排布，保证每户均临街，有利于商业活动。街巷以“丁”字形交叉，反映了居民传统的建造心理，同时通而不畅的交通组织，客观上也起到了防卫作用</td></tr>
<tr><td rowspan="2">现状分析</td><td>保存现状</td><td colspan="2">中渡古镇现状街巷保存较好，街巷基本沿用历史名称。除南街在街巷两侧建造了大量的三层新建建筑以外，其余街巷尺度基本保持了原有的空间尺寸，局部有部分临建、新建、改建的情况。历史街巷除引入码头的部分为青石板路外，其余路面铺装材质已有较大改变，均为水泥路面</td></tr>
<tr><td>使用现状</td><td colspan="2">这些街巷一部分属于明清老街，一部分属于民国街，过去是主要的集贸市场，现在大部分主要街巷供生活性使用，起到交通往来的作用</td></tr>
<tr><td rowspan="2">传承利用关键问题分析</td><td>替代设施</td><td colspan="2">无</td></tr>
<tr><td>传承利用难点</td><td colspan="2">部分街巷过于狭窄，传统路面多为条石铺砌，行车困难，镇内街巷尺寸不利于市政设施的改造，原有设施不能满足目前日常使用</td></tr>
</table>

▲ 图3-80 传统街巷

（3）交通运输设施——古码头

◆ 中渡镇交通运输设施调查表2 **表3-67**

基础资料		名称：古码头	
		建造年代：不详	规模尺度：
构造及功能		由青石板顺河堤铺就而成，用于船只停靠、装卸货物	
作用机制		古码头顺应河堤而建，小型船只与竹排停靠在岸边，一些地方设置亲水平台，为居民提供一定的生活聚集场地。从传统设施的角度出发，码头是游客进入古镇的起点是体现水乡古镇的重要设施	
现状分析	保存现状	古镇码头目前保存情况基本完好，但部分码头地面铺装将原来的青石板及石块加固成水泥，失去了原有的历史特色	
	使用现状	满足居民日常生活及船只停靠	
传承利用关键问题分析	替代设施	随着现代化公路的建设，码头作为交通运输设施作用逐渐减弱，更多作为中渡镇的重要景观设施	
	传承利用难点	如何保护及传承古码头的景观、铺装等历史元素，并在保护的基础上供原著居民使用，保护其功能及生活性，传承其文化特质是传承利用难点	

▲ 图3-81 古码头（组图）

（4）交通运输设施——古桥

◆ 中渡镇交通运输设施调查表3　表3-68

<table>
<tr><td colspan="2" rowspan="2">基础资料</td><td colspan="2">名称：洛江桥</td></tr>
<tr><td>建造年代：“文革”时期</td><td>规模尺度：不详</td></tr>
<tr><td colspan="2">构造及功能</td><td colspan="2">以砖混结构为主，用于交通运输</td></tr>
<tr><td colspan="2">作用机制</td><td colspan="2">洛江桥为20世纪70年代，其选址、设计、建造工艺等代表了当时的较高水平</td></tr>
<tr><td rowspan="2">现状分析</td><td>保存现状</td><td colspan="2">保存较好，至今仍在使用</td></tr>
<tr><td>使用现状</td><td colspan="2">仍用于古镇居民日常交通通行需求</td></tr>
<tr><td rowspan="2">传承利用关键问题分析</td><td>替代设施</td><td colspan="2">考虑洛江修建时间较长，从安全及保护历史遗存的角度出发，在古镇保护区外建设新桥</td></tr>
<tr><td>传承利用难点</td><td colspan="2">洛江桥的建造技术及形式具有一定时期的代表性，目前虽在使用，但已经接近其承受的极限，停用后对其本体的保护技术是洛江桥今后继续存在的基础</td></tr>
</table>

▲ 图3-82　洛江桥

(5)防御防灾设施——城墙

◆ 中渡镇防御防灾设施调查表1　　　　表3-69

<table>
<tr><td colspan="2" rowspan="2">基础资料</td><td colspan="2">名称：古城墙</td></tr>
<tr><td>建造年代：清代</td><td>规模尺度：长约500 米，残高6.5 米，墙厚2.2 米</td></tr>
<tr><td colspan="2">构造及功能</td><td colspan="2">中渡镇古城墙自北边起于中渡镇北闸码头，止于南面洛江桥的大码头，长约500米，残高6.5米，墙厚2.2米，墙体以石头和三合土垒砌而成</td></tr>
<tr><td colspan="2">作用机制</td><td colspan="2">古城墙与护城河、码头、门楼等过去起到防御和沟通城内和外界的作用，现在它们共同形成古镇的历史风貌特色</td></tr>
<tr><td rowspan="2">现状分析</td><td>保存现状</td><td colspan="2">目前保存完好的城墙有三段，均处于自然保护状态，周边环境缺乏保护措施</td></tr>
<tr><td>使用现状</td><td colspan="2">已不再具有防御功能，现作为古镇重要的景观设施</td></tr>
<tr><td rowspan="2">传承利用关键问题分析</td><td>替代设施</td><td colspan="2">无</td></tr>
<tr><td>传承利用难点</td><td colspan="2">城墙目前处于自然放置状态，墙上植被茂盛，风化及自然损坏现象明显，其保护技术有待研究</td></tr>
</table>

▲ 图3-83　古城墙(组图)

（6）防御防灾设施——护城河

◆ 中渡镇防御防灾设施调查表2　　表3-70

基础资料		名称：护城河	
		建造年代：不详	规模尺度：围绕历史镇区
构造及功能		是古镇防御系统的重要组成部分	
作用机制		中渡古镇最初为军事防御重镇，防御和守备功能突出，有着“护城河—城墙—门楼”完整的“城河一体”的军事防御格局体系。护城河引洛江天然水，大部分河道延续历史走向	
现状分析	保存现状	古镇目前保存较好的护城河有北街塘、南街塘、西街塘、长塘四段。河道基本保存完好，但由于失去原有的防御功能，护城河水的互通性、流动性差，水质污染严重	
	使用现状	作为景观设施继续使用	
传承利用关键问题分析	替代设施	无	
	传承利用难点	护城河的保护主要在于保护原有岸线及河道范围，将河内的死水改造为流动互通的活水，并改善周边绿化景观，用于古镇整体景观及环境的提升	

▲ 图3-84　护城河

3. **中渡镇传统公用与环境设施的传承利用小结**

中渡古镇地处广西喀斯特地貌的复杂地形之上，毗邻洛江，且位于岭南文化的聚集区。众多优势资源使其在历史上作用突显，是军事防御、武备文化和渡口文化的集合地，本地的传统公用与环境设施具有典型的军事及渡口文化特色。

通过调查，中渡古镇的“军镇”，防御和守备功能最为突出，因此古镇建设有明显的军事防御格局体系。古城墙、护城河、历史街巷的设置与布局是军事防御格局的具体体现。部分设施保存相对完好，但由于建造时间久远，有一定破损。中渡镇传统历史街巷多为砖石结构，路面缺少绿化和公共绿地，镇区内缺少公共绿地，镇区建设与周边环境结合不密切，人居环境还需改善。

3.5 典型地区调查小结

本章针对调查的地区进行了划分，分为晋豫冀等北方地区、苏浙皖等中东部地区、川黔云等西南地区和闽粤琼等东南地区。其中，晋豫冀北方地区的古镇在历史上功能多以军事防御为主，因此传统公用设施也多为军事防御设施。除军事防御型古镇，还有以宗教文化为主要功能的古镇。晋豫冀地区传统设施保存较为完整，但多数设施已失去原有功能，主要以旅游开发形式保留及利用。部分传统文化环境设施保存比较完好且仍在使用。目前对于传统设施的利用和传承方式方法相对较少，且不能将传统设施的利用与本地区内的特色相结合。

川黔云地区的古镇地处西南部，古镇内多有古驿道穿越，古时主要功能以贸易集散为主，因此公用与环境设施建设也受此影响。主要的公用设施以交通设施为主，保存较好，但利用与传承方面的难点仍然是如何与现代化相融合。

苏浙皖地区的古镇地处南方，水系发达，古镇类型多以商贸型为主。古镇的建设也与水设施息息相关，因此水设施是这一地区的主要公用设施，但随着公路设施管网设施等现代设施的发展，逐渐取代了传统的水设施，因此大量传统设施的功能不复存在。传统设施外观较完整，但少数保护意识不强的地区仍然有大量损毁现象。

闽粤琼地区地形地貌复杂，以军事防御型古镇为代表，传统设施也多具备防御和守备的功能。部分设施保存较完整，但由于功能已经不存在，存在自然风化破坏的现象。传统环境设施保存较少，在传承利用方面应多注重人居环境的改善，在保护的同时进行利用。

桂柳渔

Chapter 4

第4章

传承与利用策略

◀广西壮族自治区鹿寨县中渡镇

4.1 保护管理策略

4.1.1 完善国家政策，尝试技术创新

历史文化村镇中普遍存在基础设施配套不足、人居环境亟需改善等现象，这些问题成为阻碍原住民生活条件改善、提升历史文化村镇防灾能力的重要因素。2014年香格里拉独克宗与报京侗寨的毁灭性火灾也进一步说明必须加快研究传统公用与环境设施传承利用的关键技术，将其纳入历史文化村镇整体保护中，解决传统设施保护与现代生活需求的矛盾，对历史文化村镇的发展具有重要的意义。

目前，我国历史文化保护规划的基本法律法规体系是“三法两条例”。“三法”即《中华人民共和国城乡规划法》(2008)、《中华人民共和国文物保护法》(2013)、《中华人民共和国非物质文化遗产保护法》(2011)，是保护规划编制的母法。“两条例”是国务院于2003年出台的《中华人民共和国文物保护法实施条例》和2008年出台的《历史文化名城名镇名村保护条例》。与此同时，住房和城乡建设部联合国家文物局先后出台了《城市紫线控制管理办法》、《历史文化名城保护规划规范》(GB50357—2005)、《全国重点文物保护单位保护规划编制要求》、《历史文化名镇名村保护管理办法》、《传统村落保护发展规划编制基本要求(试行)》等相关管理办法、编制要求及技术规范，还有《历史文化名镇名村保护规划规范》等相关规范正在编制。

同时，传统设施的传承与利用工作涉及国家文物局、住房和城乡建设部、文化部等多家单位，是一个庞大而复杂的工作，需要理顺工作思路，建立工作平台及机制，从政策上加强对传统设施传承利用的统筹管理，技术上探索对传统设施传承利用的不断创新。

北京“十五”期间开展了“北京旧城历史文化保护区市政基础设施规划研究”，并依据此研究制定了《历史文化街区工程管线综合规划规范》(BD11/T 692-2009)地方标准。此标准提出：市政管线之间水平净距离力争应满足国家标准，不能满足的，要通过采取特殊措施满足行业管理和安全要求。这些特殊措施主要包括采用特殊、新型管材，特殊构筑物和特殊附件等，并确定了

历史文化街区市政管线最小水平间距。这些数据虽然突破了国家标准，但实现了历史文化街区内建筑密度大、容积率小、街道宽度小等情况下对基础设施的改造，提升了历史街区的人居环境。

在目前历史文化村镇基础设施改造过程中，为了避免历史街巷风貌遭到破坏，面对街巷尺度小、功能复杂等情况，突破原有技术，采用综合管沟的形式，将电力、电信、给水、排水等多条管网利用技术手段布置在管沟内，既保护了历史街巷，又实现了基础设施的改造。

4.1.2 提升原住民对传统设施的保护意识，加大居民参与保护力度

随着国家逐年对历史文化村镇保护的宣传和支持，各地方越来越认识到对传统文化保护的重要性。但对于生活在历史文化村镇中的原住民来说，真正从思想意识上转变，还需要很长一段时间。

由于我国历史文化村镇保护工作相对其他国家发展较晚，并且绝大部分历史文化村镇的经济发展相对落后，人民生活水平较低，居住环境相对较差，使得原住民并未意识到历史文化村镇的真正价值，对传统建筑、传统设施、传统文化保护不够重视，对于如何在具体的日常行为和生活工作中去切实保护利用历史文化资源，更缺乏相应的认识，甚至怕实施保护政策后，与其他惠民政策发生冲突，导致保护工作的进行存在一定的困难。

在英国，为了提高原住民的保护意识，提升居民的参与程度，制定了一系列政策措施，如《保护区域内详细规划指南》等，将保护区中原住民的参与规范化，将专业的规划文件和管理规定转化为易于原住民理解的管理手册。通过指南，原住民能够详细了解自己的利益、责任和义务，既提高保护过程中居民参与的积极性，又使参与过程规范化，充分发挥公众参与的作用。同时，在保护区内，民间团体的介入规定在法律程序中，作为法律依据之一，使得历史文化遗产的保护除了政府、产权人以外，增加了第三方的力量，强调了历史文化遗产的“公共属性”，使保护行为成为群众活动。①

在日本著名的川越市一番街历史地段内的保护过程中，原住民在一番历史街区改造中起到了巨大的作用。从1965年专家首次提出川越历史建筑保存问题开始，地区居民就开始了保护家园的活动，到1975年日本进行了全国范围的“传统建筑群保护地区对策调查”，历史文化保护的概念已经深入人心。1987年 一番街成立了“街区景观整治委员会”的民间组织，

① 王伟英. 看英国如何保护历史街区. 中国文化报，2009.7.

并在1988年开始指导街区的改造和建设工作[①]。到目前为止，川越的居民自发组织了各类民间组织，如川越一番街商业协同组合、藏造建筑（研究）会等，这些组织在川越一番历史街区的保护中发挥了重要的作用。而今，一番历史街区利用东京圈的地理优势，将历史街区与现代商业区结合发展，成为日本人喜爱的旅游之地，既保护了历史资源，又促进一番区内人民经济的发展。

4.1.3 加强传统设施保护传承资金多元化投入

《历史文化名城名镇名村保护条例》总则第四条规定："国家对历史文化名城、名镇、名村的保护给予必要的资金支持。历史文化名城、名镇、名村所在地的县级以上地方人民政府，根据本地实际情况安排保护资金，列入本级财政预算。国家鼓励企业、事业单位、社会团体和个人参与历史文化名城、名镇、名村的保护。"

我国绝大多数历史文化村镇保护的资金来源于各级历史文化名镇名村保护的中央财政专项资金、文物保护资金（支持文物本体保护）等，这些资金使用均有严格要求且数量有限，保护工作受到一定限制。目前，一些保护工作开展较早的历史文化村镇，采用不同方式筹措资金进行保护及发展，取得一定成效，但也有一定弊端。基本方式有两种，一种为以政府为主导开展保护，另一种是以投资公司介入资金进行保护。

西递村是较早成立村级古民居管理机构和旅游公司的历史文化村镇。黟县在保护的基础上，投入资金并制定相应政策，建立以古民居为特色的人文旅游，探索出一条通过发展旅游保护古民居建筑的道路。在保护的同时，西递村利用旅游发展提升原住民收入，村民和村落收入的一半以上来自于旅游业以及由此带动起来的第三产业，实现了历史文化村镇活态保护。与西递村不同，黟县的宏村以投资公司介入资金保护的方式，买断村落的旅游经营权，原住民保留其居住权，同时以分红的形式享受旅游门票利润，此形式也给宏村带来了保护与发展的巨大机会。但是，在近年的发展中，西递和宏村出现了过度商业化、保护标准化等现象，逐渐失去了原有的文化特色，偏离了保护的初衷。

加强传统设施保护与传承资金的多元化投入，除国家专项资金、地方资金外，还包括企事业单位、私人资金、开发商资金、社会捐助资金、银行贷款等。其目的都是促进历史文化村镇的保护和发展，虽然在保护过程中出现一些偏离，但随着我国历史文化村镇保护制度的不断完善，监督管理机制不断加强，最终会形成较为良好的保护效果。

---

① 焦雪怡. 公众参与：日本川越市一番街历史地段保护范例. 北京规划建设，2004.2.

4.1.4　重视对传统设施保护传承技术的研究

目前，我国对于历史文化村镇基础设施的改造基本都是现代设施的改造。一方面是由于传统设施的保护与传承技术不成熟，另一方面部分传统设施的原始功能已经不适用现代生活的需要。因此，作为历史文化遗产的重要组成部分，我们既要对其加以保护，又要在保护的基础上适时改造和提升其功能，使其适应现代生活的需要。

1. 从规划层面重视传统设施的保护传承

在保护规划层面对传统公用与环境设施的改造，主要是在整体保护的前提下，解决传统物质空间与当代使用功能的矛盾，提升原住民的人居环境。这就需要规划在各个层面统筹考虑，结合人口疏解、建筑修缮、空间整合及利用等一系列措施，多角度、多维度寻求传统设施保护的途径。

从规划层面重视传统设施的保护传承，可以自上而下推进保护工作，各级规划管理部门能够从宏观层面协调好传统设施保护与村镇整体发展之间的关系，并与其他法定规划相衔接，为其提供可靠的管理依据。

2. 从技术层面加强传统设施自身特色的保护及传统功能的提升

传统公用与环境设施的保护内涵深厚，保护、发掘技术要求高，历史文化村镇内部传统设施结构复杂、使用方式巧妙，其保护技术相对复杂。我国目前没有专门的传统设施保护相关技术，在保护实施过程中极有可能对设施造成保护性破坏。

对传统设施的传承与利用，要保护其真实性，特别是与原住民生活联系的真实性。以满足生产与生活的使用为基础，可持续利用为原则，可使用新材工艺，但需保留传统设施的核心工艺，避免将传统设施单纯改造成景观设施。

4.2 传承与利用案例

20世纪中期，国外已经开展了传统公用与环境设施的保护研究工作，对具有一定历史文化意义的设施进行挖掘、开发与再利用。本书选取了英国柴郡切斯特古城墙、英国罗切代尔运河、美国纽约高线公园三处传承与利用的案例，探讨其改造技术及开发运营模式，

▲ 图4-1 罗马时期切斯特古城布局

以期对国内的研究、实施工作起到一定借鉴作用。

4.2.1 古城墙传承与利用（英国切斯特）

切斯特（Chester），位于英国英格兰中西部，是柴郡首府，是英国保存最完好的古城，古城墙将古城包围其中，城中不仅有大量的中世纪时期建筑，也有一部分维多利亚式、乔治王式建筑，不同时期的建筑体现了切斯特古城的历史脉络。

城市最初建立于罗马时期，为了预防南部威尔士人的袭击，修建城墙、城门等设施作为军事要塞，之后逐步发展成为居民聚落，13~14世纪成为英格兰地区较为繁华的港口，后因为迪河（River Dee）淤塞和利物浦港的兴起而衰落，直至19世纪，铁路交通兴起后切斯特城又成为柴郡的商业中心。切斯特是典型的防御商贸交通综合型古城，城市中仍保留有完整的城墙、城门、古桥、商业街、教堂等公用与环境设施。

切斯特城墙历史悠久，公元前罗马人建立木质的城墙，随后的几百年发展各个统治者都对城墙进行进一步加固与维护，城墙保护完好直至英国内战（Civil War，1642~1651年）时被摧毁。内战后切斯特城墙不再具有军事防御功能，而越来越多地作为本地区的旅游观光景点使用。自1707年起，市政厅开始筹款对切斯特城墙进行维修：18世纪初期对城墙、台阶、马道进行修复；为了增强交通通达性，对城门进行了拓宽，并对周围的水门、桥门等进行修复；同时对古城内部的教堂、商业街、市政厅等历史建筑进行修缮。主要修复工作一直进行至二战后[1]。切斯特城墙的修复工作至今仍在继续，现有的城墙已经恢复至2000年前罗马

① Ward，Simon（2009），Chester：A History，Chichester：Phillimore.

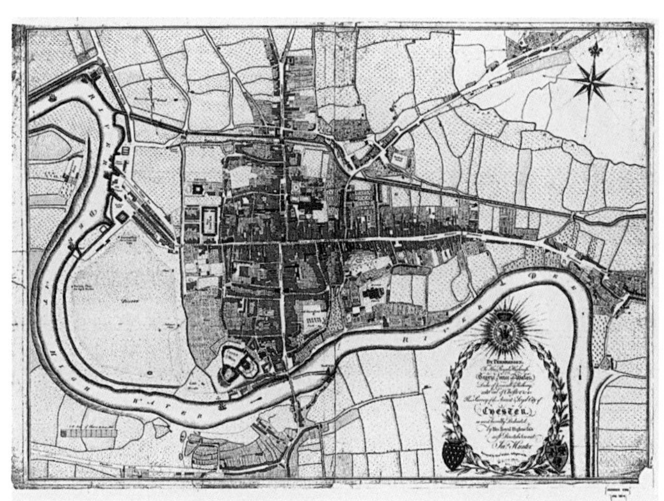

▲ 图4-2　切斯特古城地图（1745）[1]

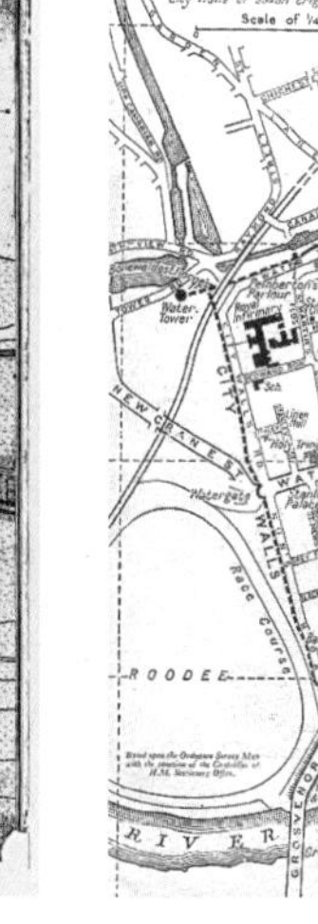

▲ 图4-3　切斯特古城地图（1950）[2]

人统治时期的样子，如今全长约2英里的古城墙作为切斯特重要的旅游景点，将古城内及周边教堂、商业街、古桥、罗马浴场遗址、瞭望台、周边乡村农田等景点连接形成一个大型的景观组团。

切斯特依托希罗普郡运河系统成为工业革命核心之一，后又随着铁路与公路系统的完善逐渐发展成为商业型古城。古镇中最主要的商业街是水门街（Watergate St.）、东门街（Eastgate St.）、北门街（Northgate St.）和桥街（Brdge St.）形成的十字街，两侧以黑白建筑、维多利亚式建筑、乔治王式建筑为主，体现了切斯特历史的延续性，商业街建筑、道路与铺装都使用原有材料修旧如旧。同时为了增强街道中的历史感，镇中还保留着一项古老传统：如每到中午时间在十字街中心会有一位宣读者（Town Crier）进行新闻报道（Proclamation），全英国只有切斯特对这项传统进行了活态传承。

古城中的市政厅、教堂等历史建筑被列为一级保护建筑（Grade Ⅰ listed Building[3]）。其中切斯特教堂，又称为“圣沃伯格教堂”。早在罗马时期，便有教堂在此处建立，教堂的建立与修缮一直持续至今。因为其建立时间长久，建筑本身风格融入了英国中世纪时期从诺曼式风格至哥特式风格的样式。教堂仍作为当地居民平时礼拜地，同时也作为切斯特古城最重要的旅游景点。从20世纪以来对教堂进行现代化改造，加设了无障碍设施、卫生间、餐

① 图片来源：http://www.chesterwalls.info/gallery/oldmaps/huntersmap.html.2015
② 图片来源：http://www.chesterwalls.info/gallery/oldmaps/oldmap5.html. 2015
③ Grade I Listed Building：英国一级保护建筑。英国保护建筑名单共分为三级，其中一级保护建筑为最具代表性的历史建筑。

▲ 图4-4　切斯特商业街及两侧建筑

▲ 图4-5　切斯特教堂[①]

厅、咖啡厅等功能，丰富旅游者的体验，同时不破坏教堂的整体风貌与原有功能。

切斯特为了缓解古镇内部的居住压力，在火车站周围建立新城，新城虽然采用现代风格建造，但是延续了历史建筑的重要元素，新建建筑高度不突兀，大多为3～4层建筑。新旧城之间用大量的绿化空间隔开，空间感相对和谐、生动。对切斯特古城的保护与开发利用是一件不间断的事情，古城中对于城墙、街道、教堂的修复一直在进行；在古城外围开发新城，控制建筑高度和建筑风格；同时为了促进旅游业的发展，对周边的设施进行整治，提供残疾人通道、游览线路，在各个主要景点免费提供当地的信息介绍。

4.2.2　运河传承与利用（英国曼彻斯特）

英国运河系统是第一个全国性的运河网络系统，在英国工业革命中扮演着重要角色，那时的英国道路系统仍停留在中世纪时期的泥浆式道路，交通运行成本极大，英国运河系统的形成大大降低了货物的运输成本，从某种程度上促进了英国工业革命的发展。英国运河系统规模庞大，基本覆盖整个英格兰南部和中部以及部分威尔士地区和英格兰北部地区。随着运河建造技术的提高，在原有运河的基础上进行矫直、筑堤、修建隧道等方式使得运河大大缩短了建造距离和建造船闸的数量，从而节省了运输与时间成本。

罗奇代尔运河位于英格兰北部地区，始建于1791年，是一条起于曼彻斯特[②]至索尔比布

① 图片来源：https://en.wikipedia.org/wiki/Chester_Cathedral#/media/File:Chester_Cathedral_ext_Hamilton_005.JPG

② 曼彻斯特（Manchester）：大曼彻斯特都市郡首府，位于英格兰西北部。

里奇[①]，同时连接布里奇沃特运河[②]和考尔德与海伯航道[③]的水上交通要道，全长约51公里。由于地形原因，整个罗奇代尔运河中有大量的船闸用于调整约180米的水位差，使得船只在有水位落差的巷道中也能正常通行。同时因为运河建立时较为宽阔，使得它比周围的运河更具有商业价值：1830年至1832年每年约有54万吨载货量，到1839年载货量上升至约88万吨[④]。但是自19世纪起英国铁路与公路系统不断完善，传统加工生产产业逐渐衰落，同时受到第一次、第二次世界大战的影响，罗奇代尔运河以及全英国境内运河的交通运输功能逐渐减弱甚至被弃用。[⑤]

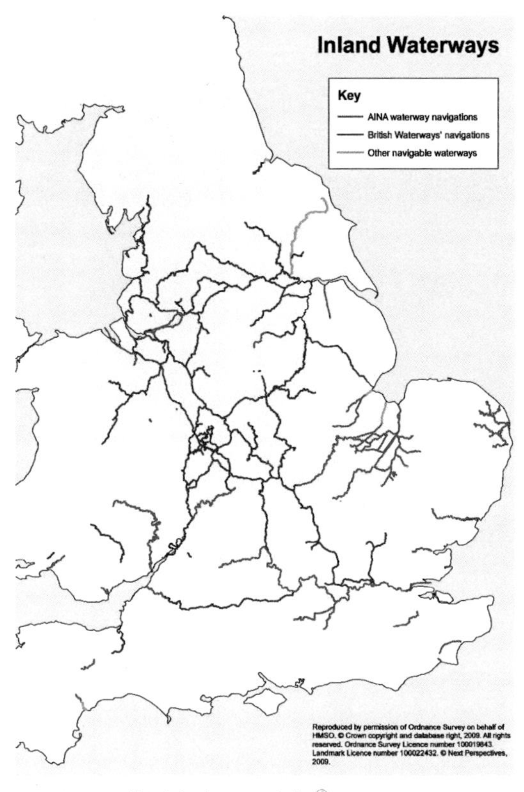

▲ 图4-6　英国内陆运河系统[⑥]

战后英国政府在对经济复苏的前提下，对运河与河流整治越来越重视，将运河交通系统纳入英国交通委员会，从而提高运河的商业价值。随着1962年交通法案的通过，并在原英国水道部（British Waterway）基础上成立以“运河与河流慈善基金会（Canal & River Trust）”为首的非营利性机构，作为运河整治修缮的专项基金会。政府与各非营利机构对于运河的整治与修缮不仅仅停留在对运河环境、河道、交通等方面的改造，并且通过运河沿岸城镇经济的复苏来带动当地就业，从而影响运河整治。

罗奇代尔运河从20世纪70年代起进行了一系列修缮整治的“复兴运动”。首先对河道自身环境进行改善，在浅水处建一系列水岸公园，在提高河岸环境的前提下为当地居民提供散

---

① 索尔比布里奇（Sowerby Bridge）：西约克都市郡的一座商贸型小镇，位于英格兰北部。

② 布里奇沃特运河（Bridgewater Canal）：位于英格兰西北部的运河。

③ 考尔德与海伯航道（Calder and Hebble Navigation）：位于英格兰西约克郡的运河航道。

④ Hadfield, Charlesl. *Biddle, Gordon. The Canals of North west England*, Vol 1. Newton Abbot: David and Charles. 1970.

⑤ Canal & River Trust. The History, Rochdale Canal. https://canalrivertrust.org.uk/enjoy-the-waterways/canal-and-river-network/rochdale-canal. 2015.

⑥ 图片来源：Town and Country Planning Association & British Waterway, *Policy Advice Note: Inland Waterways.: Unlocking the Potential and Sevuring the Future of Inland Waterways through the Planning System*. London: Town and Country Planning Association. 2009.

▲ 图4-7　运河船闸[①]

▲ 图4-8　罗奇代尔运河岸边餐厅（Manchester, GB）[②]

步、划船、骑行、垂钓等活动空间，带动运河周边的人文活力。同时通过对城镇地区运河周边棕地进行改造，将其开发成为博物馆、酒吧、餐厅、写字楼等设施进一步带动当地的人文活力，从而促进经济增长[③]。

其中，在曼彻斯特市中心的运河街（Canal Street）是运河"复新运动"中的成功案例。运河街1804年建立，最初作为市中心的货运码头，随着码头周围商业气氛逐渐浓厚，也为运河中的船工建立了酒吧、饭店等娱乐设施。虽然在19世纪船运产业整体下滑，但是其地理位置临近市中心与火车站，在20世纪公路与铁路运输业蓬勃发展的前提下，运河街并没有受到太大的经济冲击。同时，英国本土规划从20世纪50年代开始进行城市重建、更新、再发展、再生等运动，持续至今[④]，为运河街发展提供了有利契机和支持。曼彻斯特市政厅在2012～2027年核心战略中仍将运河街地区作为市中心重要的经济发展重点，通过对周围建筑改造、区域活力提高、周边环境优化和经济政策支持等方面以点带面促进整个大曼彻斯特地区的城市发展[⑤]。

罗奇代尔运河及英国大部分地区运河已不再具备原有的运输功能，但是通过对其周围自然环境与历史环境的保护，对周围经济、社会、环境价值的开发，对河道网络长时间可持续发展的推进，来促进英国运河网络和沿途城镇的经济活力，提高本地居民的生活质量。

---

① 图片来源：https://canalrivertrust.org.uk/news-and-views/news/caen-hill-reopens-after-towpath-collapse

② 图片来源：https://upload.wikimedia.org/wikipedia/commons/e/e3/Canal_Street_-_geograph.org.uk_-_1353781.jpg. 2015

③ Town and Country Planning Association & British Waterway, *Policy Advice Note: Inland Waterways.: Unlocking the Potential and Sevuring the Future of Inland Waterways through the Planning System*. London: Town and Country Planning Association. 2009.

④ Jones, Phil. Evans, James. *Urban Regeneration in the UK*. London: Routledge,. 2009

⑤ Manchester City Council, *Manchester's Local Development Framework: Core Strategy Development Plan Document 2012 to 2027*. Manchester: Manchester City Council. 2012

▲ 图4-9　高线公园鸟瞰图[①]

4.2.3　铁路传承与利用（美国纽约）

高线公园是一座位于纽约曼哈顿中城西侧的线型空中花园。它的前身是纽约在1930年修建的一条连接肉类加工区和34街哈德逊港口的铁路货运专用线。这条铁路在20世纪40年代纽约铁路交通系统中发挥了重要的作用。但是随着20世纪50年代公路运输的兴起，铁路运输系统地位逐渐下降，直到1980年，高线铁路不再投入使用[②]。

随着铁路的停运，铁路及周边地区成为犯罪的摇篮。1980年代中期，周围居民分为两派，一部分呼吁拆除高线铁路[③]，另一部分积极保护高线铁路，并在1999年成立“高线之友”（Friends of the High Line）组织，提倡借鉴巴黎绿色廊道（Promenade plant é e）[④]经验将其改造成为高架公园或绿色廊道。自成立起，组织筹集超过1.5亿美元的资金进行高线铁路的改造和再利用并且负责对其的维护和运营。2009年6月高线公园一期工程从Gansevoort街跨越至20街已向公众开放[⑤]。

---

① Friends of the High Line, *High Line History*, 2016.

② 图片来源：http://www.gooood.hk/high-line-park-section2.htm?gallery-image-id=post_gallery_id_56293

③ Voboril, Mary. Newsday, *The Air Above Rail Yards Still Free*, 2005.

④ Friends of the High Line, *Paris Elevated Rail Park Featured in Movie ‘Before Sunset’*, 2016.

⑤ Friends of the High Line, *High Line History*, 2016.

▲ 图4-10 高线公园景观设施①

▲ 图4-11 高线公园休憩设施②

▲ 图4-12 高线公园区位示意图③

高线铁路公园通过以下几个方面进行改造与再利用：

首先，保护组织在高线铁路公园建设中起到了至关重要的作用，其强调非盈利的性质，并且通过社交网络组织各项展览、竞赛等活动，从而得到更多社会关注和支持。通过"高线之友"的运作，高铁的社会价值得到充分展现，并且同城市形象完美契合，因此得到了政府和社会的支持。同时，由于高线铁路公园不是地标性建筑，也不是保护遗产，在发展过程中避免了一系列的硬性框架，使得其自身改造充满各种可能。

其次，高线铁路公园振兴工作的核心是运用公共资金投资与公共空间创建。作为复兴

① 图片来源：http://www.iarch.cn/data/attachment/forum/201302/27/104138oxmj0nss9mxzpkov.jpg
② 图片来源：http://www.gooood.hk/high-line-park-section2.htm?gallery-image-id=post_gallery_id_56297
③ 图片来源：http://www.iarch.cn/data/attachment/forum/201302/27/104122s9zcds8y9mcmhhcv.jpg

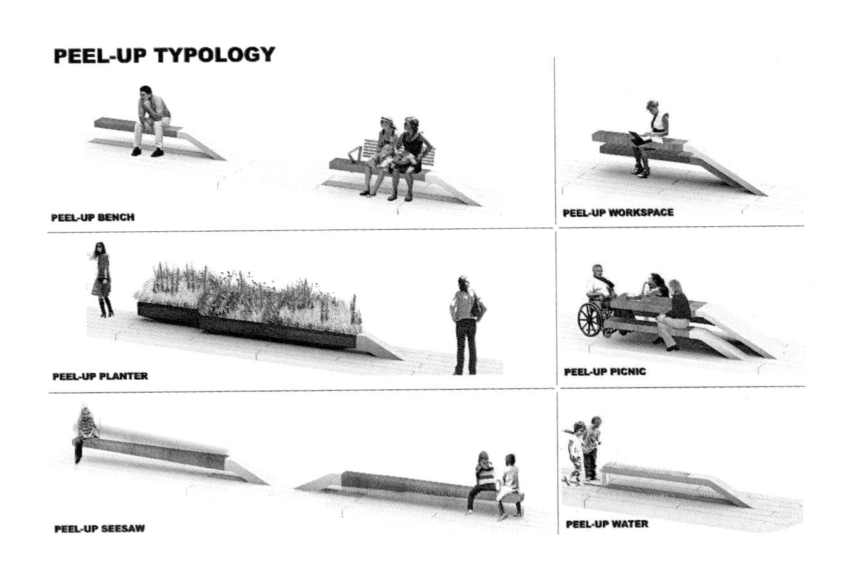

▲ 图4-13　高线公园中的休憩设施效果图[①]

曼哈顿西部地区的重要一环，高线已经成为该区域的标志性特色，并成为刺激投资的有力催化剂。2005年，纽约对高线周围的区域进行了重新划分以更好地促进发展和保护原有的街区特点。重新分区措施和高线铁路公园的成功帮助该区域成为纽约发展最快、最具活力的街区，在过去的十年中人口增长率超过60%。自2006年起，高线周围新许可的建筑项目成倍增长，至少已经开启了29个重要发展项目。这些项目带来了超过20亿美元的私人投资和12000个就业机会。这种坚持本真的态度吸引了一批忠实的拥护者和支持者，并启发其他城市探索复制该模式的可行性。[①]

再次，高线铁路公园在环境设施整治中采取了先进的、可持续的景观技术。设计师选取多种当地植物，创造出从可以适应哈德逊独特环境的“小气候”。并且在景观维护过程中采取可调节的灌溉系统、可运作的化肥处理系统、综合的虫害管理系统等一系列可持续的方式。

高线铁路公园同以往的传统设施保护不同，它不仅做到了保留城市生活的历史文脉，同时将自然环境带入纽约这座水泥之城，并且带动了周围一系列产业的发展，使得落后混乱的切尔西地区得到了振兴，真正做到了从经济、社会、环境三方面全面改善的可持续发展[②]。高线铁路的开发运营模式最值得借鉴并运用到传统公用与环境设施的保护与传承中。

① 图片来源：http://www.iarch.cn/data/attachment/forum/201302/27/104112j148b0jk8i4mp80s.jpg
② Koblin, John. The New York Observer, High Line Park Spurs Remaking of Formerly Grotty Chelsea, 2011

酒
菜馆
古玩

Chapter 5

第5章

传承与利用技术

◀安徽省肥西县三河镇

5.1 给水排水设施

在中国历史文化名镇的众多传统公用与环境设施中，给水排水设施是最基本的公用设施之一，关系到人畜的日常生活、农业手工业的生产、村镇的生态环境等，在历史文化村镇的建设发展中具有不可替代的作用。

5.1.1 取水设施

目前，我国历史文化村镇在基础设施改造中，已经逐步实现集中供水，但部分村镇仍保留传统取水设施，此次调研中发现，保存较好且仍在使用的取水设施有引水沟渠、泉水水源和水井等。

1. 引水沟渠

引水沟渠不仅可以作为引水设施，也能够作为常用的取水设施，有取水功能的沟渠自身尺度不固定，由水量决定。沟渠流经古镇区部分，在平面上基本与道路宅院相依，渠身用砖石砌筑，方便居民取水。

山西娘子关镇中，水渠与街道、地势结合，与建筑紧密联系，形成了屋水相伴、石板穿巷的景色。沿渠可以取水做饭、洗衣，可以浇灌菜园。在山东济南古城的曲水亭街，引水沟渠引泉水贯穿了整条街区，居民沿水而生，在此开展日常生活。

▲ 图5-1　娘子关镇居民取水

▲ 图5-2　济南取水亭街

2. 水井

▲ 图5-3 郭壁村传统水井形式

历史文化村镇中，凿井取水是传统取水设施里最常见的形式，水井也就成了传统给水排水设施里最重要的基础设施之一。水井的数量也一度成为侧面衡量历史文化村镇规模的辅助手段。水井多为公共使用，井口周边通常开挖明沟，用以收集使用后的生活用水流出的多余废水或井边洗涤，并渗透到地下，通过土层净化。

以山西沁水县郭壁村为例，南北两村各有9眼井，共计18眼。南村9眼井分散在各宅院旁，多位于院落入口处和街巷交会处，场地宽阔，全村居民可共同使用，增加了村民交流的机会。

水井的种类各历史村镇也有不同，郭壁村为传统的一眼井形式，安徽寿县县级文物一处三眼井，已有数百年历史，明嘉靖以来，就供市民生活补给，至今仍在使用。

5.1.2 引水设施

本次调研所指的传统引水设施，是指以天然河道湖泊等为水源建成的为历史文化村镇供水的各种传统引水工程设施。根据前期对典型地区历史文化名镇的调研以及对相关资料的收集整理。可以得知，这类传统的给水排水设施主要包括以下几类：人工开挖的蓄水水塘（水池）、河流取水口、引水沟渠、隧洞、坝、水闸等。

1. 蓄水水塘（水池）

对于蓄水水池的应用主要有两种情况：一是缓解因上游水势的流速湍急而难以取用的情况，方便居民用水；二是将分散的水聚集一处，为居民使用提供便利。蓄水水塘不仅起到引水的作用，其蓄调能力也有利于古镇的防涝排洪。

调查中开挖蓄水水池有以下几种形式：

第一，借助上游的水流地势高差，将水流经过引水沟渠流入下游，在地势低洼处形成水塘，为生活所用。以宏村南湖为例，宏村到万历年间光靠月塘蓄水已不够用，便将村南部百亩良田凿深数丈蓄水形成现今的南湖。

其二，将附近大型水体中的水引入并集中，形成蓄水池，供其停船或居民生产生活使用。以苏州东山镇为代表，从太湖引水至村前，形成大片水体，并延续多年，至今仍在使用。

其三，利用地势高差，引水沟渠和蓄水水池组合，将水引流并收集，供居民使用。以云南丽江的三眼井为例，利用地势变化将泉水储存在第一潭，此时泉水清澈卫生，可供居民饮用；水从第一谭溢出后再将其引入第二潭，可用于日常生活洗菜、炊具的洗涤；从第二潭溢出后的水流入第三潭则为漂洗衣物使用。

2. 坝、水闸等水利设施

闽粤琼等东南地区水量充沛，多数古镇主要水源来自于天然水体。但取水自天然水体有两个限制，一是丰水期洪水泛滥，枯水期则水位低下；二是镇址并非都能紧贴河流。因此居民设坝，闸等设施，拦河筑坝，调节水位。

以广西鹿寨县中渡古镇为例，古镇临洛江而居，为保证居民的日常使用，在埠头处设置拦水坝，丰水期减缓水流，枯水期起到截水蓄水的作用。

丽江大研古镇，四方街西侧的河上建有活动闸门，利用东河与西河的水位高差，合闸即可引水到街道，进行冲洗等活动。

▲ 图5-4　中渡镇洛江拦水坝

▲ 图5-5　大研古镇水车景观

3. 引水沟渠、隧洞

引水沟渠、隧洞等引水设施是将外部水源引进古镇内部的有效途径。这种设施的应用比较普遍，在各地区都有应用。引水沟渠多数为人工开挖，也有的是在天然沟渠基础上建设利用。在降雨量较大的时节，地势低洼的古镇较易积水，在镇中开挖沟渠，也可以作为主要的泄洪通道。

在山西娘子关古镇，苇泽关泉、梅花池、水渠构成取水系统，镇内苇泽关泉，出口经特别设计的梅花池，由水渠引导，由南向北沿街流淌经过居民住户门口，最终流入平阳湖。娘

▲ 图5-6　娘子关镇河道（组图）

子关从绵山向绵河地势减低，街巷及水渠多沿此方向，雨水通过屋檐排水口、街道坡度、路面排水口的设计，流入水渠，最终排入天然河道。

在古徽州宏村镇，引水沟渠的布置更为精妙。宏村的引水沟渠称为“圳”，全村遍布九曲十弯水圳，沟通着家家户户，因为其曲折遍布，水圳也被称为牛形村的“牛肠”。水圳分为大小水圳，在上段合二为一，流至月沼附近，大圳向西，小圳向东流入月沼，注入南湖，而后从南湖流入村外，灌溉农田树木，最后重新流入濉溪。水圳与街巷互相依存，或通过明渠暗道流入住宅的厨房，其上盖以石板，以供生活用水，或将水引入院落的天井空间。从尺度上来说，大部分水圳宽在0.6米左右，便于生活使用。此外，大部分村民离水源的直线距离均在60米以内，在设计时即考虑到居民的服务半径。

在长江下游地区，此类活水穿镇的沟渠设计也较为多见。沟渠的走向与古镇的道路系统基本相一致，通常是位于主要街道附近。

▲ 图5-7　宏村水圳

▲ 图5-8　西递沟渠

▲ 图5-9　束河沟渠

在西南地区，丽江束河等地都是采用沟渠，利用地形高差，基本沿着主要道路设置，从而引附近山泉水入镇。

也有类似引水沟渠的设施，比如用竹筒引水到每户人家，从山上海拔相对高的地方引泉水到村镇中，如四川青城的泰安古镇，此法类似现代的输水管道。

5.1.3 排水设施

历史文化名镇中的传统排水设施，主要有两种形式，一种为结合地形地貌与古镇布局的排水系统，另一种为镇内的院落排水系统。两种形式结合，形成古镇传统排水体系。

1. 结合地形地貌与古镇布局的排水系统

结合地形地貌与古镇布局的排水系统，在选址之初结合地形来考虑，“下毋近水，而沟防省”。利用地形组织沟渠，让山洪雨水避开村镇，或顺利穿过村镇。通常两者兼顾，村镇内排水主要利用地形高差，在街巷中组织排水，水量较大或宅院集中时，部分村镇内设地下排水暗道，并在村镇外设有水门等设施。

排水沟渠的走向基本都顺应地形，从高到低。院落建造在排水沟旁，可以直接把院内雨水排出去，排水设施直接安排在街巷中。

2. 院落排水

传统院落排水设施主要以内庭院为中心，院内雨水可以通过明露的水渠道口直接排入街巷中，排水口通常设置在大门处，即使一些两进型的院落，也通常设置坡度先由内院排至外院，再由外院引至门口排水口。

同时，一些院落内外高差较大的院子可以通过排水暗沟穿过倒座排出院内的雨水，暗沟

▲ 图5-10 各种传统排给水排水设施形式

距离室内地面有30厘米左右，对建筑影响小，但是此种方法比较繁琐，需要在建造建筑基础的时候施工，不像明沟可以先建房后排水，做法简便，也不便于修缮，因此不常用。

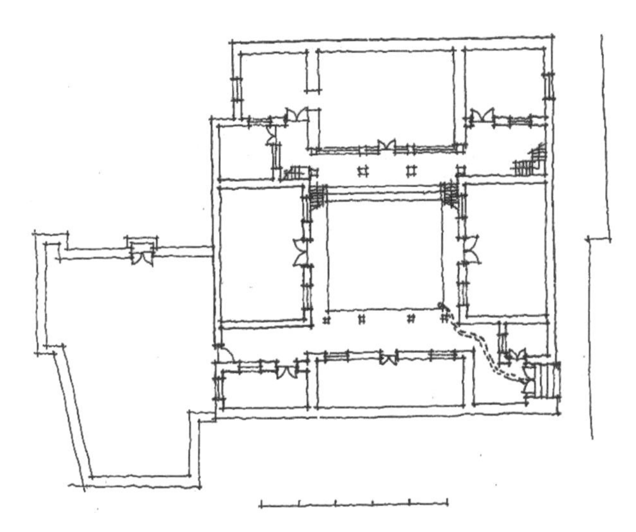

▲ 图5-11　典型院落排水示意图

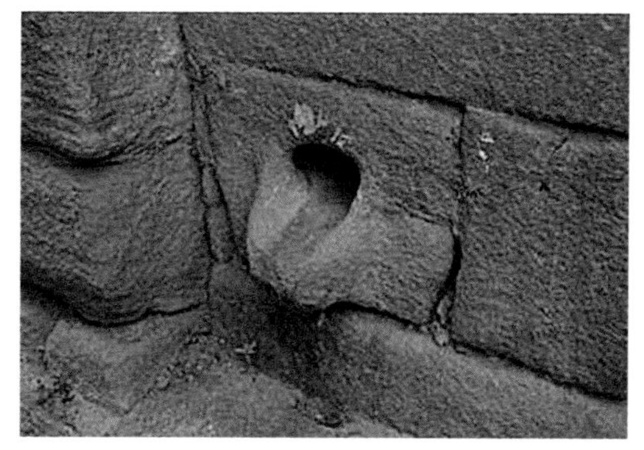

▲ 图5-12　院落对外排水口

5.2 交通运输设施

我国陆疆广大、河湖众多，有着发展水陆交通的优越条件。几千年来，人们在同自然作斗争的过程中，克服历代经济、战争、科技的影响和局限性，不仅对水运交通加以利用，而且不断推进了陆路交通的发展。

因此，历史文化名镇中的传统交通运输设施，主要包含陆运交通及水运交通两方面。其中，陆运交通主要有驿道、驿站、传统街巷等，水运交通设施主要有河道、码头、船埠、古桥等。

5.2.1 陆运交通设施

我国历史文化名镇中，保存较好的陆运交通设施以传统商业街巷为主，主要原因有以下两个方面：

首先，历史村镇的形成和发展与各个时期主要的历史活动有关。唐宋以前，我国各地战争不断，各地交通主要以服务物资运输、军事防御为主，形成了较多的驿道、驿站、路亭等交通性道路设施。随着国家统一，战乱平息，经济文化发展，一些村镇沿交通性道路不断发展演变，规模逐渐扩大，原有的军事交通优势演变成为商贸交通优势，保存了原有防御格局，并逐渐承担了历史村镇的主要生活功能。

其次，部分未发展形成村镇的交通性道路随着时代的不断变革，一部分已自然殒殁消失，另一部分则改造成为现代道路。

1. 军事防御型传统街巷

历史文化名镇传统设施中的军事防御型传统街巷，多保留了较完整的军事防御格局，街巷空间尺度变化较小。军事防御型传统街巷因其历史上已具有一定规模，且保存较好的名镇规模都较大，街巷能够承载原住民的日常居住和生活。

此类街巷的保护与传承，主要以提升街巷内的基础设施、改善人居环境为主，是在保护传统生活的基础上，提升人居环境，立足传统文化对其进行传承和发展。

2. 传统商贸型街巷

历史文化名镇中的传统商贸街巷，多由于历代交通发达，商埠云集，逐渐形成历史上的交通枢纽及商贸中心而形成。此种传统街巷与军事防御型街巷相比，有以下两个特点：

（1）传统商贸街巷空间尺度较大

与军事防御型传统街巷比较，传统商贸街巷空间尺度较大。这主要是传统商贸街巷的商贸功能所决定的，大尺度的空间便于商户及原住民进行货物运输及商品交易。

（2）建筑形式种类较多

传统商贸空间因其贸易行为频繁，涉及地区广泛，居民多为各地商人聚集，使得一部分建筑完全按照其原有工艺建造，一部分则与当地形式结合，出现了多种形式。

3. 陆运交通设施的保护与传承

（1）基础设施改造

将传统公用设施的保护与历史文化名镇的保护相结合，首先要进行基础设施的改造，提升原住民的生活品质，提升原住民的区域自豪感。

（2）借助资源优势发展

传统交通设施的保护，与当地人民的生活密不可分，其保护与传承的方式通常有“博物馆”式保护、“风貌统和”式保护、“生态博物馆”式保护、“文脉延续”式保护四种形式。

博物馆式保护是指将传统街巷当成一个完整的博物馆进行保护和展示，其优点是最大限度地保护了传统街巷的物质构成，但这种方式对寄存于物质空间的传统文化造成的破坏性较大。

风貌统和式保护是指为了达到传统街巷的风貌统一而进行的传统建筑外观和建筑工艺的模仿。这种方法可以最大限度地将整个传统街巷的风貌保持在一定的历史时期，但复制和仿造的历史信息，通常会让人们失去判断。

生态博物馆式保护是指强调原真、活态地保护历史及当前形成的一切物质和非物质文化遗产，具有社会活态标本的意义。但这种做法，限定了历史街区未来发展的可能性，对原住民未来发展的需求没有做合理的考虑。

文脉延续式保护是指原真保护与现代设计并存，是多文化和思想的交融，具有更多的创造性。此种方法虽对传统街巷的保护是最好的一种方式，但由于设计水平有限或者管理的实效可能会导致建设性破坏。

5.2.2　水运交通设施

历史文化名镇的水运交通设施主要包括河道、码头、船埠等设施，这些设施基本没有单独存在，而是组合在一起形成名镇特殊的传统公用与环境设施。

1. 河道及码头

对传统水运交通公用设施的保护，河道是保存较好的一种形式。此类名镇通常沿河而居，依水而生，河道与码头在历史上承担了重要的交通及生活职能。水运交通设施的保护与传承，主要技术难点在于河道的水质保护及河床的清淤工程，同时码头原有的历史功能在退化，越来越转向为原住民的生活服务。

2. 船埠

船埠主要集中在以商贸交通为主的历史文化名镇中，由于现代交通的冲击，船埠基本失去原有功能，多以闲置为主，无明显的原始功能痕迹。

3. 水运交通设施的保护与传承

在对历史文化名镇调研的过程中发现，传统公用与环境设施中的水运设施基本已无“运”的功能，处于闲置或为原住民生活所用。对于此类设施的保护与传承，目前有以下两种方式。

（1）作为原住民的日常生活设施

此种方式主要以提升生活环境及生活舒适度为主，在满足传统风貌保护的前提下，适当提升环境空间的品质，做到基本的绿化美化环境、清理清扫废物的同时，方便原住民的生产生活使用。

（2）作为历史文化名镇景观设施

此种方法是结合历史文化名镇保护、人居环境提升，兼顾经济发展的做法，对景观改善的设计要求较高。在调研的众多名镇中，部分名镇将河道硬化、码头扩大、船埠现代化，以提升接待游客的能力。这样无形中对水运交通设施造成了破坏，特色环境变得千篇一律，失去了对其保护的意义。

▲ 图5-13　广西中渡镇

▲ 图5-14　安徽宏村

5.3 生产生活设施

传统生产生活设施与历史文化村镇原住民生活息息相关，包含了衣食住行的各个方面。本书里的传统生产生活设施指的是人们为满足生产生活需要而建立起来的具有一定历史性、不易移动的工具设施，并将其分为农业设施和手工业生产设施两部分进行调研。

5.3.1　农业设施

传统农业设施是指在自然经济条件下，以手工劳动为主要方式的生产劳动，它依靠世代积累下来的传统经验进行发展，采用历史上沿袭下来的耕作方法和农业技术。

1. 耕作类型

由于我国气候及地形地貌的差异，历史文化村镇传统耕作常见类型主要有水田、旱田、梯田、圩田等。我国在20世纪90年代旱地的比例占全国农田的57%，列居榜首，其次是水田及水浇地各占22%及16%。

（1）水田：传统村镇调研中，水田这种耕种类型多集中于南方水网地区、西南地区及闽粤琼等东南沿海的平原地区，作为特色原始农业形式，水田的历史可追溯到8200～7800年前的彭头山文化时期。

（2）旱田：传统村镇中旱田的耕种主要集中在晋冀豫等北方地区和西南地区的高原区。

（3）梯田：梯田的历史可以追溯到秦汉时期，主要为解决丘陵地区种植水稻而产生。传统村镇中的梯田多集中于西南地区的丘陵区域，仍在耕种梯田的地区多经济较为落后，采用原始耕种方式往往只是当地居民自给自足的农业活动。由于梯田对植被破坏较大，且产量不高，部分梯田已经成为旅游资源而存在，失去其原有的耕种功能。

（4）圩田：圩田这种形式在唐代已经较为普遍，耕作过程中筑堤，平时存水，旱时放水入田，旱涝无虑，是我国劳动人民与自然斗争的重要创造，是农业发展的进步，但其对自然生态干预过度，造成了一定程度的破坏。

2. 传统耕作设施

传统的耕作设施主要有水车、引水渠、农业水井、水塘、堤坝等，由于现在技术的发展，加之我国农业现代化的推进，仍使用传统耕作设施的区域较少，部分设施如水车已经成为景观设施。

3. 传统农业生产加工场地

传统农业生产加工场地有晒场晒台、粮仓、地窖等设施。我国历史文化村镇中，集中操作场地几乎被一家一户的单独加工场所代替，或与公共活动场所结合使用。保存有功能单一的晒场的地区多是经济落后、生产生活原始的地区，如西藏林芝地区错高古村，村内原住民从事农业生产加工的场地在村中集中，形成面积较大的晒谷场，而以家庭为单位的

▲ 图5-15　广西程阳村灌溉水车

▲ 图5-16　丽江景观水车

▲ 图5-17　西藏错高村集体晒谷场

▲ 图5-18　云南昆明鲁企祖村沿街晒谷

农业生产加工场所大多设置在自家庭院或单独的区域内，且部分已被现代化农业生产设施取代。

5.3.2　手工业生产设施

从本书调研情况来看，传统的手工业生产设施保存较好的地区，多是此项产业历史上对地方经济、文化、社会生活产生了巨大影响的地区，如云南省禄丰县黑井镇，曾是云南著

▲ 图5-19 黑井镇古法制盐作坊

名的盐产地，黑井镇本身也是由凿井采盐业的发展而产生的，盐文化始终贯穿了黑井镇的发展，且至今还有原住民使用传统方法采盐晒盐。

5.3.3 生产生活设施的保护与传承

随着经济的不断发展，传统生产生活设施逐渐被现代化机械设施代替，这虽然能快速提升效率，但对于传统文化的延续造成很大影响，给传统设施的保护及利用带来很大困难。

目前，国内大部分设施以景观、博物馆、旅游体验的形式保存下来，小部分因近年来国家对非物质文化保护工作支持力度的加强，以传统方式制作的手工业制品受到越来越多人的认可和推崇，这一部分设施也被较好地保存下来。

5.4 防灾防御设施

对历史文化村镇传统防灾设施的调研选取比较常见的防洪防涝、火灾、战争灾害作为切入点，以相应的传统防洪防涝设施、防火设施、防御设施为主要研究对象，对其他防灾设施，诸如地质灾害、农作物灾害等不做赘述。

5.4.1 防洪防涝设施

1. 古城墙、护城河

城墙除防御作用外，还常常兼有防洪的重要功能。古代很多城

▲ 图5-20　寿县瓮城

▲ 图5-21　寿县护城河

▲ 图5-22　临海古城墙

▲ 图5-23　临海古城瓮城

镇建在平原或河谷地区，因此常受到洪水的侵袭。而城墙的形状可以因形就势，顺应洪水运动的特点。很多城墙的建设都隐含着对流体力学的智慧。如面向汇水面的城墙可以形成拱形曲线，有利于洪水分流、减缓洪水对城墙的冲击。城墙断面往往为梯形，层层收分，稳定性极好，一些城墙城门外还设有瓮城，瓮城城门和内城门相互错开，相当于设置了两道防线，一旦瓮城溃决，洪水冲击的是对面坚固的城墙，减小了对第二道城门的冲击力。更巧妙的是沿城墙之上或城墙内侧往往设有一条步道，这条道路既可在战争时作为快速出兵和运送粮草弹药的“绿色通道”，同时也可作为抢险抗灾的紧急疏散通道。城墙之外还常设有护城河，也起到了疏水护城的作用。

如寿县被称为“筛子城”，因不论城内雨水多大，城外水位有多高，城内却无积水、无涝灾，其原因是城里的雨水流入了内城河，再通过低洼处的两座涵洞排放到城外去了。城内北部东西两侧各有一泄水涵闸，平时城内积水可由此排出城外，当洪水季节，又可自行关闭涵闸，防止外水倒灌，城内原建有涵道，与城外相通。洪水泛滥时，只要关上城门，则滴水不入。同时，通过涵口观察水位，还可以比较城内外水位差。这一水利设施，曾被誉为“古水利工程的一颗明珠”。

再如临海古城墙，相较于御敌的军事功能之外，其防洪的功能更为突出。城墙有三分之一的长度是沿着灵江修筑，台州府城正位于灵江入海近处，江水与潮水相碰，水位升高，时常漫上城来。城墙有如大堤，千余年来抗击着洪水的冲击。为此，临海城墙在修筑设计上，采取了特有的措施，把瓮城修作弧形，特别是把“马面”迎水的一方修作半圆弧形，其余一方仍为方形。这在全国古城墙中，十分罕见。此外，城墙用砖石砌筑成锯齿形，墙表面显出层层微小的台阶，虽不利于军事防御，但可增强城墙的防洪能力，说明临海古城墙在后期修缮中更注重防洪功能。由于城墙的抗洪作用，在元朝灭掉南宋时，元帝曾下令拆毁江南所有古城墙，以利其铁骑长驱直入，而临海的城墙却因其无法替代的防洪功能，得到了特旨免拆。

2. 历史街巷

以山西省润城镇上庄村为例，上庄村选址在地势低洼的樊河沟内，樊河穿村而过，形成一条水街，是村内主要的核心街巷。为防洪涝，两旁院落修建地势较高，基础以下都用石砌，形成水街堤坝。院落门口有一处小平台，其形式类似南方苏州水乡小街码头，如遇夏季樊河涨水，水街即成为河道，村民既可以通过其他小街巷陆上活动，也可以由水街划船出行。水街村口又设置一座永宁闸，用以锁住水口。从上庄到下游的中庄、下庄，樊河两旁都修筑了河堤，保护村庄和耕地。

▲ 图5-24 润城镇上庄水街

▲ 图5-25 周庄镇水街

5.4.2 防火设施

随着国家对历史文化村镇的保护实施加强，传统消防设施逐渐被灭火器、消防栓等现代消防设施替代，传统村镇中消防水缸和水池较多被保存下来，但其使用功能逐渐消失。

5.4.3 防御设施

1. 结合地形与镇布局的防御体系

中国古代防御体系大多与地形地貌结合布置，主要包括长城沿线军事防御体系、沿海军事防御体系、与江河及山地结合的城镇防御体系等。除此之外，由于古代的战争方式，多数大镇都仿照城池设置了城防体系，在各自实践中逐渐精炼摸索出适合当地地形情况的防御体系。虽然现代的战争方式和武器，导致传统防御体系有其局限性。但保护自秦汉至民国所有的防御设施和军事遗迹，保护其中的防御思想、防御体系、防御过程及防御设施，依然具有重要的历史和现实意义。

长城沿线的军事防御体系以明长城为代表，为加强长城的防御作用，明王朝将长城沿线划分为九个防御区，分别驻有重兵，称为九边或九镇，后期增加对首都和帝陵的防务，统称“九边十一镇”。每个军事重镇下设防区，镇下依次设“镇—路—卫—所—堡”，形成军事聚落体系。长城防御工程体系，包括以线性分布的长城墙体和其上的墙台、敌台、烟墩等构筑物，还包括以点状分布的各级军事堡寨。清朝统一了北方长城内外后，其防御意义不再存在，原来以军事建制的卫所等相继实现了向行政建制的转变，部分寨堡由于自然环境或单纯军事功能约束而衰落，部分堡寨在相应的行政建制下，由于承担了军队后裔的生产和生活的功能，逐渐演变为一般意义上的现代村镇[①]。以这类寨堡为基础发展而来的历史文化名镇，镇子的防御设施多沿袭原有军事寨堡的防御体系形式。例如历史文化名镇北京古北口镇、山西娘子关镇、阳明堡镇等，从其镇名即可见一斑。

中国有漫长的海岸线，古代的海防聚落大规模建设从明朝开始。大致分为北部湾、福建、江浙、辽东等沿海七大海防区，有效阻击了蒙古、女真、安南和倭寇等外族的入侵以及海贼的滋事，明代沿海军事聚落依然采取卫所制，与长城沿线的军事寨堡类似，至清代，部分军事寨堡逐渐转化为城镇，较大规模的转为城市，如天津卫、威海卫等；较小规模的转为村镇，例如历史文化名镇浙江桃渚镇、广东平海镇等。

---

① 曹象明. 山西省明长城沿线军事堡寨的演化及其保护与利用模式. 2014.

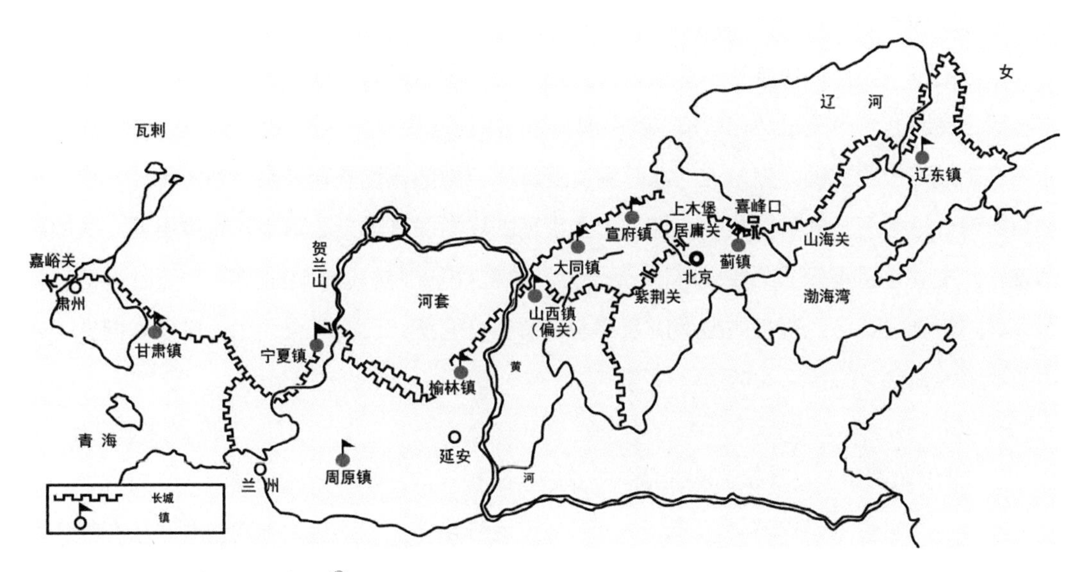

▲ 图5-26　明长城九镇分布图[①]

北方地区的堡寨型防御体系发展历史悠久，例如山西省晋城市早在战国中晚期长平之战期间，秦国沿沁河所筑的沁河防线，就是一条大纵深防御系统，拦车村境内碗子城，为唐初所建堡寨。宋金时期，本地为抵御金兵抢掠，各村镇纷纷建堡寨用以自保，如拦车村境内磨盘寨，后演化为孟良寨。

从明初实行，明嘉靖正式确立卫所制和九边总镇守制度开始，至明末时期，各地堡寨防御体系已经十分成熟，形成从外到内，从山水地势到街巷建筑的完整防御系统，包括地形、堡寨、藏兵洞、敌楼、街巷、过街楼、地道、看家楼等。

如拥有典型完整防御设施的山西润城镇，润城临沁河而近黄河，北方少数民族入侵汉族多经由此地渡黄河南下，因此润城是汉族抵抗少数民族入侵的前哨阵地，军事区位非常重要。润城镇背山面水，地势较高易守难攻，形成天然屏障。润城堡名砥洎城以炼铁坩埚筑城，坚固异常，道路皆为“丁”字巷，形似迷宫，城内院与院之间在厢房或不显眼处留有暗门可以互相串通，道路隔开的街坊又有“过街楼”相连。此外，还有高耸的楼阁，既可赏月、听泉、观水，又能瞭望敌情，积极防御。砥洎城因地制宜构成防住合一的聚落体系，是在自然环境条件和社会因素的影响下，基于抵御外敌、防守自身的目的，进行了创造性的规划，城堡内的民居和巷道与城墙一起被全部纳入整体防御体系，并由外向内分为护城河—城墙—街巷—宅院四级防御体系，体现出鲜明独特的防御为本、平战结合的设计

① 图片来源：曹象明. 山西省明长城沿线军事堡寨的演化及其保护与利用模式. 2014.

风格和建筑特点。

类似的寨堡设计，巧妙利用地形，设置烽火台、瞭望台或楼阁、藏兵洞、过街楼、“丁”字巷等，在北方诸多历史文化名镇名村中都能找到痕迹。

再比如娘子关古镇，娘子关一直是沟通晋冀秦三地的交通要道，是国家防御体系中的重要组成部分。娘子关的防御体系，经过千余年来的逐渐改进建设，留下了较多不同年代的防御设施，主要包括古代的关城、堞楼、哨台、城墙、烽火台和近代的战壕、碉堡、军营、铁路等战防设施。其中，明长城防御体系部分存留相对完整，设施齐全，包括城墙、城堡、水门、地道、哨台、敌楼、兵器、衙门等。

2. **重要防御节点与建筑、构筑物**

堡寨：作为最主要的防御建筑，一般都利用地形环境，建设高大厚实的墙体。有的会利用堡内外高差，修建墙身高达数米，内填土，外侧以砖石包裹，坚固结实。大部分堡寨墙体顶部可通行，用于防守。堡寨不仅仅是实心墙体，部分堡寨内部同时建有藏兵洞、堡寨敌楼、水门等设施。现存比较集中的堡寨区域除了长城沿线、海防沿线，在山西陕西多山区、福建江西等要道关隘处也较多见。

例如，位于阳城重地著名的以炼铁坩埚为材料修筑的润城“坩埚城”，因地制宜、防住合一的聚落体系；位于闽北重镇邵武南部固守关卡隘道“愁思岭”的和平古镇；位于武陵山区，素有“湘西四大古镇之首”之誉的浦市古镇，岩门古堡寨已有600多年历史，寨堡为巨大的古建筑群，巷道布网，户户贯通，形成攻防兼备的堡寨防御体系，堪称武陵山区战事与生产并存的典范，是明初兼有政治与军事职能的代表性建筑。

藏兵洞：藏兵洞与堡墙合为一体，可节省材料，又能充分利用下部空间，同时还可以对敌攻击。典型的藏兵洞设计有皇城、郭峪和湘峪村。其中郭峪、皇城的藏兵洞都设置在堡墙

▲ 图5-27　湘峪村堡寨

▲ 图5-28　润城镇坩埚城

▲ 图5-29 和平古镇城楼

▲ 图5-30 岩门古堡寨

▲ 图5-31 北方堡寨藏兵洞

▲ 图5-32 南方古镇藏兵洞（组图）

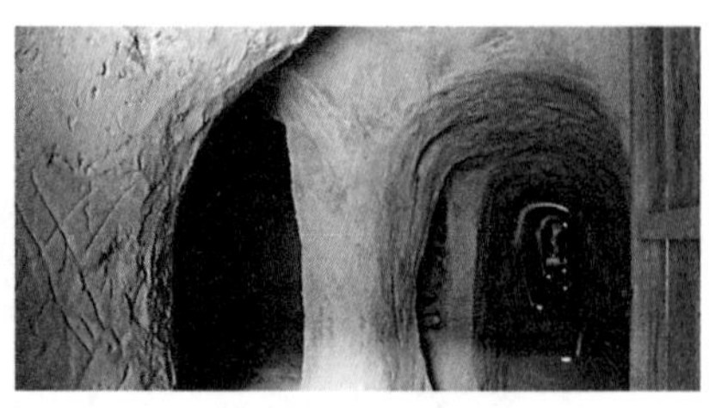

▲ 图5-33 峡谷地形及藏兵洞（组图）

内侧，主要用于驻守和储藏，而湘峪藏兵洞开设在堡墙外侧，以砖石修建，南临湘河绝壁，可以住人、屯兵、储物、养马，又可以瞭望、射箭、放炮、储藏守城器械。洞内有地道互相连通，形成一个整体，形式有“串珠式”与“走廊式”。藏兵洞与城墙顶部和“帅府院”指挥所相连，便于指挥和增援。从城外看，密密麻麻的藏兵洞形成了壮阔的“蜂窝城”，这种兵洞连城的建筑以其极富创造力的设计和优良的建筑质量成为冷兵器时代防御工事的杰出典范，被专家称为民间军事工程的顶峰之作。[①]

除了堡寨、藏兵洞等防御设施之外，比较常见的防御设施还有敌楼、街巷、过街楼、地道、看家楼等等。在全国各典型地区皆有涉及，除了常规形式外，也有利用山体、山洞、悬崖、河流等特殊地形设置防御设施的。

5.5 文化环境设施

本次调研中的文化环境设施，主要包含信仰设施和文化设施两部分。设施在各历史阶段对当地居民乃至周边地区居民在宗教、文化、信仰方面产生了很大的影响，一部分甚至影响至今。其中村镇空间布局、传统街巷以及城门城楼等设施不仅具有其原始功能，同时也具有传统村镇中重要的文化景观功能。

5.5.1 信仰设施

1. 宗祠

从本书调研情况看，宗祠功能如同现代社会的行政机构，成为行政办公的公共建筑、娱乐中心和社交场所。同时，作为集管理、

① 李志新. 沁河中游古村镇传统基础设施调查研究. 2011.

礼制、娱乐为一体的建筑，它象征着家族的文化、经济、政治实力，使得保存下来的宗祠相对完好，成为历史文化村镇中最典型、最华丽的建筑。①

由于祠堂是礼教性建筑，它的空间格局相比民居建筑更为严谨和程式化。宗祠选址和布局十分重要，由于崇尚山水自然、崇拜“天人合一”的理论，宗祠的选址与周围山水自然环境相呼应，布局以合院为主，根据主人的财力建成两进、三进或是四进院落。作为公用性建筑，祠堂内一般设有戏台，也是祠堂中最华丽的建筑，供本族人节庆、祭拜时使用。

调研过程中发现，各个村镇中宗祠保存相对完好，虽然大部分原住民不再长时间居住于本地，但是宗祠作为心中“家”的象征，在重要事件与重大节庆时期还会聚集在宗祠中进行活动。宗祠不仅在建筑技艺上有卓越的成就，也是中华传统文化以“家”为核心的重要体现。

2. 寺院

历史文化村镇中寺院的保存情况与其历史功能有直接关系，寺庙作为村镇中重要的公共活动空间与宗教活动场地，在本地居民生活中拥有重要地位。同时寺院作为古代精神生活的殿堂，其空间布局、建筑装饰有极高的艺术造诣。②

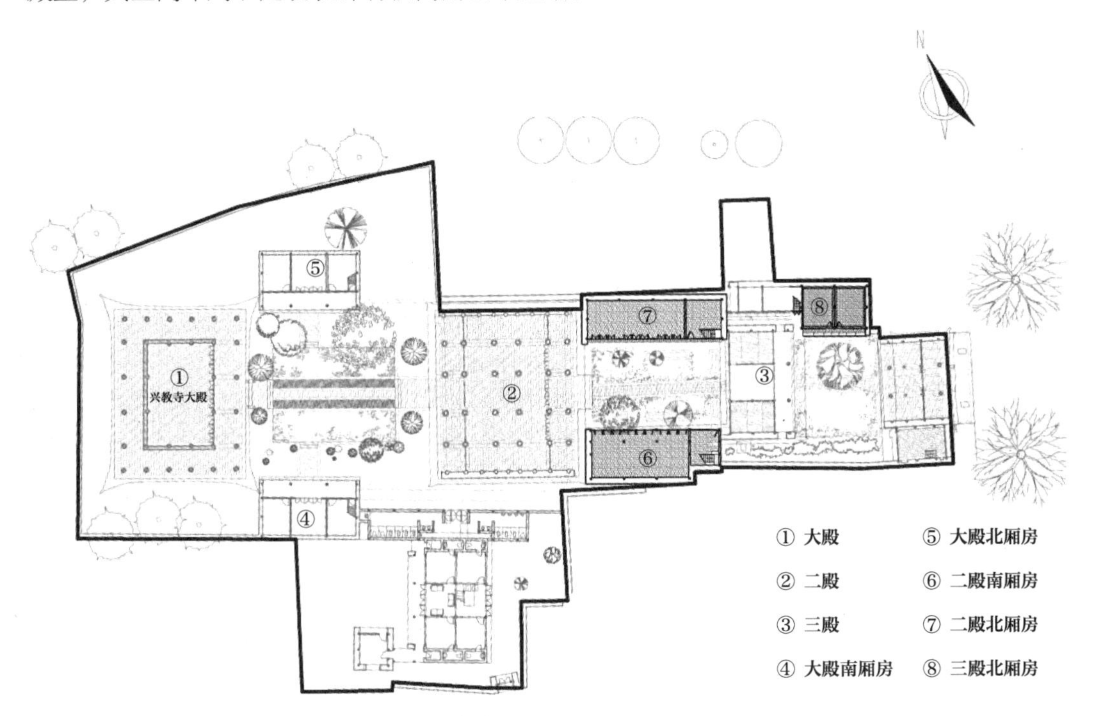

▲ 图5-34 云南沙溪镇内布局较为完整的寺庙

① 李百浩，万艳华. 中国村镇建筑文化. 武汉：湖北教育出版社，2008：78-79.
② 刘森林. 中华聚落——村落市镇景观艺术. 上海：同济大学出版社，2011:133-135.

我国佛教历史悠久，自两汉之前便传入新疆及河西走廊地区，两汉之际传入中原，经过魏晋南北朝时期发展，在隋唐两宋时期结合本土文化得到蓬勃发展，到元明清时期到达鼎盛。佛教建筑结合不同时期的建筑特色和思想呈现出多样的形式。佛教寺院在传统古镇中多为小型建筑或小型建筑群，由山门、大雄宝殿、藏经阁等组成较为完整的的寺庙格局；一些小型寺庙虽然只拥有3~5间房，但空间布局丰富。寺院门外大多有一处开阔空间，不仅从尺度上强调寺院的神圣感，也为当地信徒提供宗教活动的场地。

历史文化村镇中的寺院一部分保存较好，一部分由于战争、政治等原因废弃被毁。有些寺庙在原有的基础上进行修缮，由于缺少前期调研，寺庙修缮时采用明清时期的建筑做法，将寺庙本身的历史感抹杀。同时有些寺庙周围大兴土木，新建房屋，使得原有景观环境营造出的艺术感被破坏。

3. 教堂

中国古代居民虽然以信仰佛教、道教和儒教为主，但是由于中国地域幅员辽阔、多民族混杂、外族传播等原因，有一部分地区信仰基督教、天主教和伊斯兰教。在这些村镇中也保留了一部分教堂建筑，成为村镇中独特的景观特色。

▲ 图5-35　中式风格的伊斯兰教清真寺（安徽省寿县）　▲ 图5-36　融入西方建筑元素的教堂（四川省磨西镇）

由于历史原因，古代中国对于外来宗教（即洋教）的抵制使这些宗教在传教时多利用当地现有建筑，或建立同当地风格相融合的教堂建筑。[①]之后随着社会发展，教堂建筑也逐渐引入西方建筑风格，给人一种坚固、高耸的感觉，其中的雕塑和花窗使信徒深刻体会到其宗教寓意。

① 李晓丹，张威. 16-18世纪中国基督教教堂建筑. 建筑师，2003（4）：54-63.

5.5.2　文化设施

1. 公共开放空间

历史文化村镇中的广场分为两类，一类为商业交易型广场，另一类为文化礼教型广场。村镇中是否有广场和广场在日常生活中的作用都反映出本地人民的生活习俗、文化传统和宗教信仰。

由于商品交换是人们生活中必需的一部分，集市型广场遍布于我国历史文化村镇中。商业交易型广场位于街道中或主要街道交会处，尺度较街巷稍宽，形成广场。这样的广场面积不大，但地位极为重要，特别是狭长的街巷空间反衬出广场的开敞感。如云南剑川沙溪古镇，作为茶马古道的重要驿站，连通大理地区、滇西盐井地区和西藏地区的商品贸易。由于云南少数民族一带对植物的崇拜，认为它们是生命和吉祥的象征，因此当地人常以树木为中心，在周围形成公共活动场地。沙溪古镇的四方街中有两棵古槐树，可见在沙溪古镇成为商贸型古镇前，这块地方已经在当地人的日常生活中起到了极大的作用。随着茶马古道逐渐发展，沙溪镇日渐繁荣，在原有槐树广场的基础上，围绕广场建立起二层商铺、戏台、寺庙等建筑，四方街形制初成。

另一种广场类型为文化礼教型广场，一般依附于寺庙、宗祠等，用于祭祀、庆典等活动。这类型广场在建造周围建筑时便将其考虑到其中。不管是宗祠还是寺庙，广场的设立都不仅提供了活动场所，同时通过尺度的变化衬托出寺庙等建筑的庄严和肃穆。如中渡镇武庙前广场，位于中渡镇三条主干街道交叉口，地理位置极为重要。武庙坐南朝北，面阔三间，进深三间，正殿供奉关羽神像，武庙前广场主要用于宗教祭祀及其他庆典活动，如中渡镇的百家宴与舞龙舞狮等活动。

▲ 图5-37　云南省沙溪镇内商业交易型广场

▲ 图5-38　广西壮族自治区中渡镇内文化礼教型广场

2. 戏台

戏剧是古代乃至今日各地方乡民最主要的娱乐活动，戏剧种类多，分布广，戏台也成为各地方重要的公共活动场所。除了临时搭建的戏台外，大多数戏台位置固定，构造齐全。其中有依附于寺庙、祠堂所建的倒座戏台，也有独立建成的戏台。戏台建筑繁简不一，造型融入地方建筑特色，周围场地宽阔，是当地居民民俗节庆、宗教的活动场地。

戏台及其周边空间已经不仅仅是用于节庆、宗教的活动场地，也是当地集会、商贸的集散地，整体空间在村镇中有至关重要的作用。

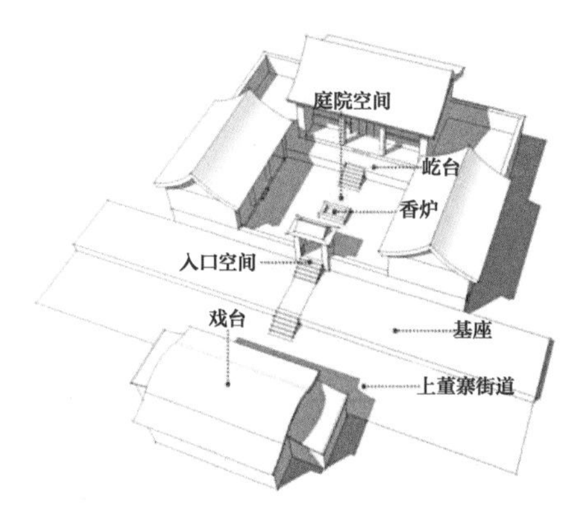

▲ 图5-39　山西省娘子关镇内依附于寺庙的戏台

▲ 图5-40　广西壮族自治区黄姚镇内单独建成的戏台

3. 书院与园林

书院与园林是中国古代文化环境设施的精髓，是古代文人聚集、游憩、交流之所，又是一方学术或理念的交流中心。其选址、布局、空间营造都体现了中国传统文化的精神境界和深厚内涵。

中国古代书院的选址多在风景秀丽、人杰地灵的地方，若有些选址处于闹市，缺乏先天的自然条件，这些书院也会在建立时引水开渠、叠石造山来营造自然风景的秀丽，这源于中国传统哲学中“天人合一”的思想，在学习的过程中修身养性、回归自然。在回归自然的选址下，书院的布局体现着强烈的礼制观念。书院是古代文人学者对自然与社会、国家与个人思想最全面的诠释。

中国古代园林是汉民族文化的一颗明珠，以自然为蓝本，顺应自然、融入自然、表现自然，与古代书院一样体现了“天人合一”的汉民族文化思想。古代园林的营造技艺不仅影响古代民居建筑的建设，同时深刻影响着历史文化村镇的选址和布局。

附件一　传承与利用技术示范

目　录

1 保护修缮要求及范例筛选

1.1 保护修缮原则

1.1.1 真实性原则

保护传统公用与环境设施的真实性，包括传统建造工艺的真实性以及与村民生活联系的真实性。传统设施的保护修缮应尊重传统建造工艺，优先采用原材料原工艺，尽量维持原使用功能，需增加新设施时，应妥善处理新设施与原有设施之间的衔接关系。

1.1.2 可持续利用原则

传统公用与环境设施保护要以可持续利用为原则，设施修缮后仍能够延续正常生产、生活的使用，使用新材料、新工艺要重视与传统工艺相结合，能够还原，并且在未来随着材料技术的发展可以继续维修使用，保留传统设施的核心工艺。

1.1.3 以人为本原则

传统设施以满足村镇居民生产和生活使用要求为根本，其建造的位置与功能都具有一定的生产生活需求因素，因此传统设施的保护应以满足真实的使用功能为主，避免一切以旅游吸引游客为目的的杜撰臆造或为了景观而迁建原传统设施的行为。

1.1.4 保护协调发展原则

通过完善基础设施，提高居民的生活质量，实现村镇的可持续发展。核心保护区内的管线（包括电力、给水、污水、电讯等）设计应根据实际情况灵活处理，但为了保护历史风貌，宜掩埋于地下。敷设管线之前要统筹安排，尽量减少地面的开挖次数，避免对道路和房屋基础的破坏。基础设施的建设要符合历史文化名镇的实际情况，不能盲目模仿城市。在基础设施改善设计中，在对历史风貌保护控制的基础上，应充分利用传统基础设施资源，既坚持原真性又有可持续发展性。

1.2　保护修缮技术要求

1.2.1　延长传统设施使用年限，满足使用功能

应加强对传统公用与环境设施的定期保护修缮与日常维护，尽量延续传统设施的使用功能，使其能够继续发挥生产生活作用，以实用为先，兼顾旅游展示及教育作用。因年久失修，损坏较为严重，无法满足居民基本的日常生产生活需要的部分传统设施，可以在妥善记录，做好相关研究的基础上，进行大修加固或重新拆除建设。

1.2.2　整体风貌控制

传统设施的保护修缮，要求最大限度地保留真实的历史信息，保护传统设施的历史原貌，维护历史文化名镇整体风貌的完整一致性。需要新增加的附属设施，如管线等现代设施，应采取隐蔽处理，地埋或隐蔽在屋檐下，并且建议化零为整，集中穿管。原设施需要更换的零部件，首选原材质要按照历史考证的原样进行加工修缮。

1.2.3　专业性建造技术要求

传统村镇中的诸多设施多使用便于取材的本土材料，建造工艺不同于重要建筑的复杂繁琐，由本地工匠基本可以完成，建设过程中镇区居民也多参与其中。综合以上因素，设施修缮应尽量由本地工匠完成，首选原材料原工艺，局部工艺可改进以促进有效的保护和使用。

1.3　重点传统设施范例筛选

传统公用与环境设施构成丰富，在我国数千年的文化发展中，最重要的设施是水设施和交通运输设施，在现代生产生活中，这两类设施也最具有保护利用价值，因此研究以交通运输设施和水设施的保护和改造利用为重点范例。

1.3.1　给水排水设施保护

传统给排水设施蕴含着古人的智慧，是今天海绵城市理论的真实运用。对传统给排水设施的保护包括对古井等取水设施、水渠等引水设施的维护，镇区河道水系环境的保护。

1.3.2 交通运输设施保护

陆运交通设施含各级传统街巷道路、历史驿道以及街门、路亭、驿站等建筑物构筑物附属服务设施；水运交通设施含各类水运码头、船埠、航道以及船闸、古桥等设施。各类综合管线设施主要沿街巷网格铺设，这也是历史区人居环境改善的重点和难点，因此街巷的管线设施空间设计也纳入此类。

2 给水排水设施保护修缮技术

历史文化村镇给排水设施普遍存在以下几个问题：

（1）水量需求随季节变化而变化，秋冬季相对较少，春夏季较多；

（2）部分街巷尺度狭窄，改造过程中给排水管网无法引入；

（3）传统建筑建造情况复杂，基础交错，增加设施改造的难度；

（4）传统水井多废弃或缺乏有效维护，井底垃圾、污泥垃圾堆积，导致水井淤塞，水井周边环境差，垃圾处理不及时，污染水源。

针对以上问题，建议适当考虑产业发展的需求，科学计算用水量和排水量。修缮和恢复应利用村落中原有的水井、水渠等取水、引水设施，并作为现代给排水系统的组成部分，以改善供水环境。此外，经过改造，增加水泵等设施，古井可以作为历史名镇内重要的消防供水水源。

2.1 传统给水设施水井保护修缮技术

2.1.1 古井内部清理

为解决水源水量不足的问题，建议对传统水井进行整理修缮，并妥善管理。及时掏挖，清理出井底垃圾和淤泥沙砾。清理过程中应注意随时记录，做好安全防护措施，避免行人及幼儿落井。清理之后的水井需要在井口砌筑井栏，井栏高度大于0.4米，并在井口增设可活动开启的井盖，以避免地面污水回流以及落叶等垃圾入井。

2.1.2 古井周边公共环境治理

水井周边20米范围内严禁堆放垃圾粪肥、修建地下渗透性厕所，保护水源不受污染。传统水井多位于村镇人口聚集区，可改造用作小型公共活动场地，因此水井的再利用可以作为

▲ 水井活动场设计[①]

重要的历史风物景观与风貌保护综合考虑。水井旁可适当增加公共活动服务设施，如亭和休闲座椅，设计材料采用传统木、石、瓦等，风格形式与历史风貌相协调。

2.1.3 水井附属设施设计

若需水量较大，可在地上井口部位安置小型抽水泵，夏季村民可直接接入塑料水管，方便引水浇灌蔬菜。使用水泵应注意保持水井清洁，避免井中大颗粒物破坏水泵。保留传统设施，增设井台、井亭和井盖，在井口一侧开洞设计抽水机口，抽水机安置在井旁石木装置内，既可用水桶接水也可直接接入水管。

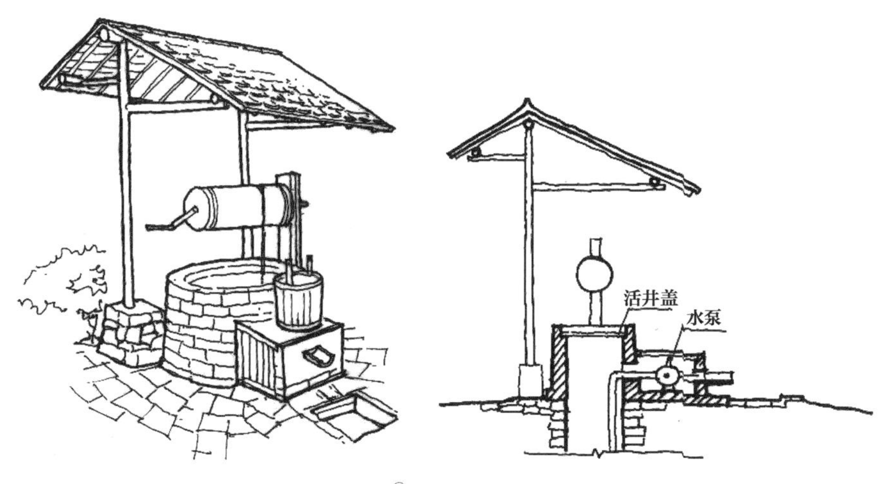

▲ 水井改进后加入水泵设计做法示意[①]

① 沁河中游古村镇传统设施调查研究．李志新．北京交通大学．硕士学位论文．

2.2 传统引水及排水设施保护修缮技术

2.2.1 引水及排水设施保护技术

历史文化村镇中一般均采用水渠作为引水和排水的主要设施。引水设施修缮以传统石材为主，水泥灰灌浆，减少水从水渠空隙流失，在经过道路、低洼地段，可以通过架设拱券架高水渠，维持水渠高度，避免出现水体回流和积水。

居住生活服务区河道水渠采用石堆砌，对灌浆要求不高，而河道内多放置卵石砂石，种植水生植物。同时靠近河道处建议增加安全维护设施。

镇区外或河道湿地采取自然驳岸形式，不强求采用硬化处理，为保证安全防洪，可设置二道河堤。行人道路交通与河道交叉，要设置河道涵洞，涵洞宜就地取材，首选石砌形式。

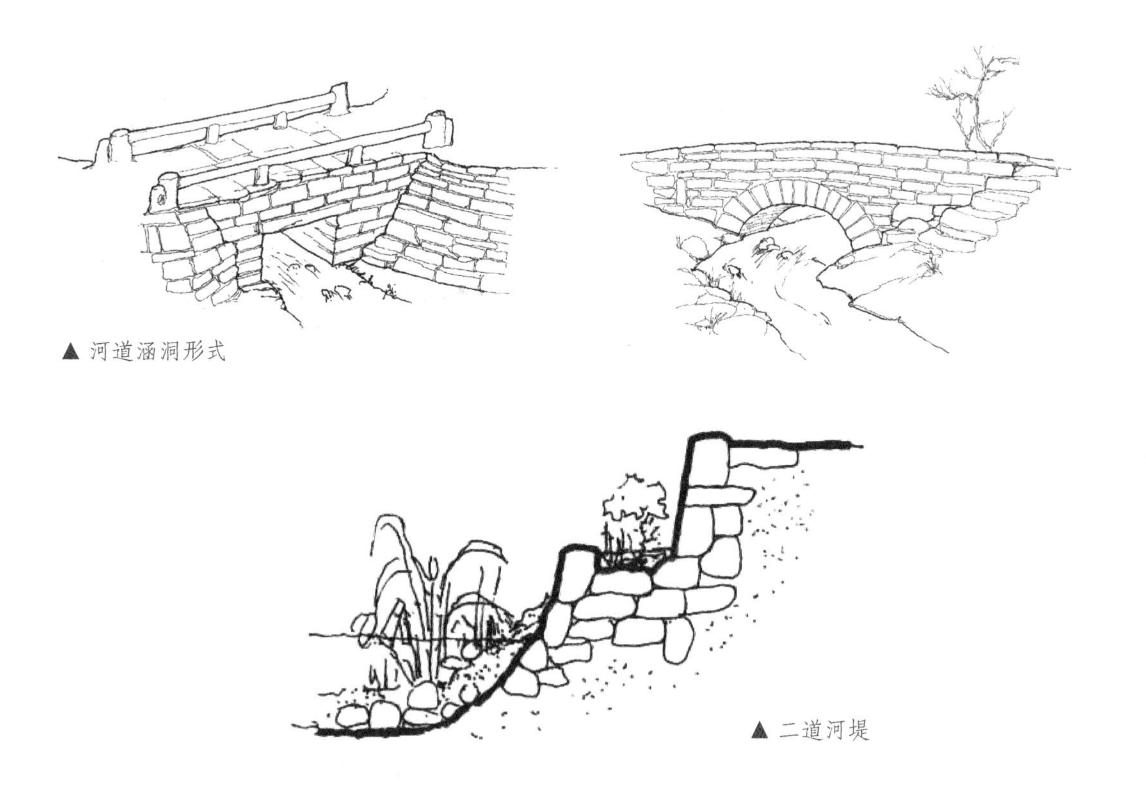

▲ 河道涵洞形式

▲ 二道河堤

2.2.2 引水及排水设施修缮技术

传统水渠多采用岩石砂浆砌筑形式，坚固耐用，一般较严重的震动和不均匀地基沉降才会产生裂缝，因此破坏点通常位于水渠的转折交汇处和不同性质的地质交接处。对于裂缝的修补可用白灰砂浆灌注裂缝，必要时加入现代粘合剂材料，使之达到严丝合缝。

▲ 某历史文化名镇引水渠

确保引水渠周边环境无毒害污染，避免有害物质进入水渠污染水体，同时也应避免排水渠的污水污染周边区域。传统水渠在建设时已经考虑到利用自然地形高差形成水体的自然流动，并据此进行高度测量计算后建设而成，因此在修缮过程中应尽量原样、原高度加固修缮。

2.3　河道环境整治提升技术

2.3.1　水质清洁与净化技术

首先要定期清理河道内的垃圾，减少污染性水体的直接排放。其次可种植水生植物，通过植物过滤吸收净化水体。此外还应增加卵石、砂石渗透过滤。

若污水管道设置在镇区河道内，应采取合理的排污水方式，运用适当的截污工程，避免污水直接排入河道，同时污水管网应埋在河道一侧，隐蔽处理。

▲ 河道环境保护

▲ 污水管敷设方式

2.3.2 河道利用技术

对于有引水灌溉、生活洗涤和消防功能的河道水体，建议每隔一段距离设置一段堤坝，或间隔一定的距离设置小型水池，以利于使用。

▲ 堤坝设置形式

2.3.3 水体环境整治技术

此外应积极提升河岸空间环境，选择合适的绿化形式，结合建筑和小品，如水榭、水车、码头、桥、驳岸等，丰富河岸环境，营造亲切宜人的河岸休闲空间。

3 传统街巷保护提升技术

3.1 传统街巷保护基本策略

3.1.1 与镇区总体规划统筹协调，避开交通主流线。

历史文化村镇的发展应以最大限度保护历史文化资源本体为前提，从保护发展角度明确各级历史街巷的功能特色，制定相关管理模式。通过划定功能分区、道路交通限流分流等措施，引导主要交通流线绕过核心区，保护历史街巷格局的完整性和真实性，统筹协调历史文化村镇整体发展。

3.1.2 优化历史街巷交通组织方式，满足使用功能需求。

以保护为前提，兼顾交通效率和交通安全。在保护的前提下，对部分街道进行整治，以满足生活、生产、消防的要求。历史文化村镇的核心保护区内宜限制机动车辆的进入，建议以慢行交通为主，保护历史文化氛围。外围交通综合考虑整体可达性，并合理配置停车场，规划消防通道，满足居民生活、生产和防火的要求。

3.1.3 保持传统风貌，改善基础设施。

传统街巷保护修缮应避免整治过度，修旧如新，使传统街巷失去了历史氛围和岁月痕迹。街面铺装应以原材料、原形式为主，局部更换破损材料。对需要恢复传统风貌形式的路面，可以采用碎料拼装，厚料改薄等手段，以灰土灌缝，增强街巷渗水性。街巷修缮应结合基础设施改善工程同时进行，进行管网综合设计，统一入地。

3.2 传统街巷保护技术

传统街巷风貌的保护内容包括街巷格局、空间形态及附属设施、界面尺度材质几个主要层面。

3.2.1 街巷格局保护

保护历史文化村镇历史街巷的整体格局，对街巷走向、街巷尺度、沿街建筑的高度等都应严格控制，除安全防灾需要必须新开安全通道外，不应在主要历史街巷上拆除传统建筑开辟新街巷。

3.2.2 街巷空间保护提升技术

整体保护传统街巷，保护街巷尺度、立面形式、色彩、材料等方面的统一性、连续性和视觉景观的完整性。整治街巷沿街立面，严格保护街巷两侧历史建筑的高度和形式，清理街巷上方架设的线缆或沿建筑墙面布置的管线，可将管线做套管埋于地下或隐蔽在屋檐下。

结合历史文化名镇的空间环境体系，充分利用传统街巷中的空闲或废弃场地作为景观节点，适当增加传统文化中的风水构筑、绿化小品等景观环境设施，丰富历史文化底蕴，改善公共环境。重要的公共空间节点、广场等以环境整治为主，为方便居民活动和休憩，应增设遮阳和停靠休息等设施。

3.2.3 街面保护修缮技术

传统街巷按传统的功能和尺度可以划分为商业驿路交通性街巷、生活服务性街巷两大类。其中交通性街巷尺度较宽，可通行车马，传统街面以条石为主，街中央下埋排水暗沟暗渠。生活服务性街巷路面材料常以砖、碎石或卵石甚至灰土为主。

对历史文化村镇街巷的保护修缮要求街巷的基础和街面铺装基本平整，现代地埋管线设施在整治街面过程中完成主要管网入地，并在居民入户位置预留接口。

如下图某镇，原街面用青条石和青砖铺砌，两侧原有排水明渠。现状路面坑洼不平，两侧排水明渠被泥土覆盖或长满杂草。修缮中地下埋设污水暗沟，上部素土灰土夯实夯平，原条石较为完整的放在中央，残破条石在两侧，条石两侧以青砖竖砌补齐，保证了街面基础的稳定，维护整体风貌。

▲ 某镇历史街巷修缮前后对比

▲ 某镇历史街巷修缮前后对比

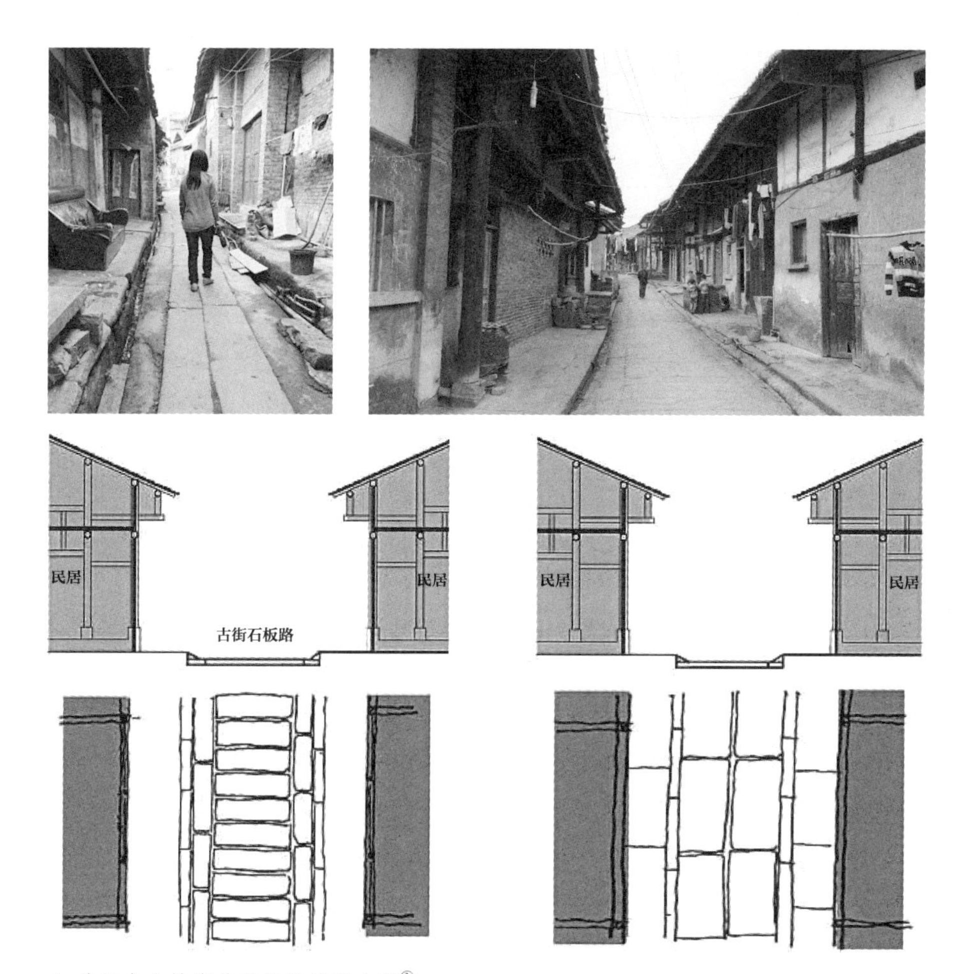

▲ 某历史名镇街巷现状及修缮方案[①]

① 中国建筑设计院城镇规划院历史文化保护规划研究所编制. 四川省泸州市泸县立石镇保护规划（2014-2030）. 2015.

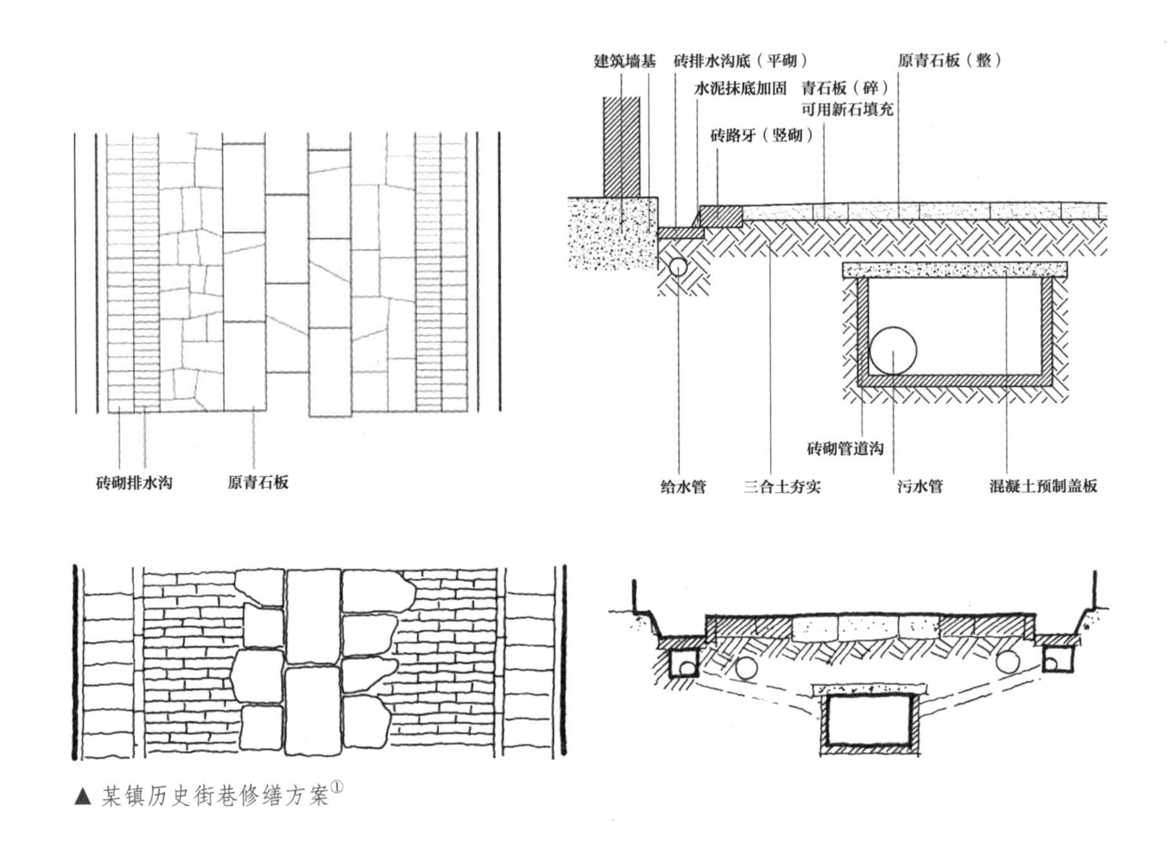

▲ 某镇历史街巷修缮方案①

3.3 传统街巷基础设施改善技术

基础设施改善是历史文化村镇保护发展工作中的一个难点，要在保护历史风貌的前提下完成基础设施改善，需要对管线布置方式、历史街巷的尺度、入地过程对历史建筑基础的影响等进行综合考虑。

历史文化村镇基础管线敷设的问题主要有以下三方面：

（1）历史街巷大多建筑密集、间距小，管线引入难度较大。此外每个院落的厕所、厨房设施分布较散，一定程度上也增加了管线布置和施工难度，这一点在北方地区尤为明显。

（2）街巷尺度狭窄，难以满足敷设综合管线的宽度要求。

（3）基础设施入地给街面和传统建筑带来安全隐患。传统街巷和传统建筑对地基基础的承载力要求较低，街面经过长期使用自然沉降，现代设施入地对基础重新开挖建设，对街巷两侧的建筑基础影响较大。

① 中国建筑设计院城镇规划院历史文化保护规划研究所编制. 安徽省寿县瓦埠镇保护规划（2012-2030）. 2015.

3.3.1 综合管网敷设技术

如果按照城市基础设施敷设的要求，综合管沟外壁距离历史建筑墙体基础至少应达到0.8米，综合管网自身宽度在0.6～0.8米，总敷设宽度要求至少需要2.2米，很多传统街巷的宽度狭窄，基础管线布置存在尺度不足的问题。

对于尺度比较窄的传统街巷首先要满足给排水、电力和电信管线敷设的要求，稍宽的街巷可考虑天然气管道进入，有条件的时候可以实行雨污分流。在改革工艺满足施工、维修和安全运行的前提下，可以不受国家现行规范限制[①]。

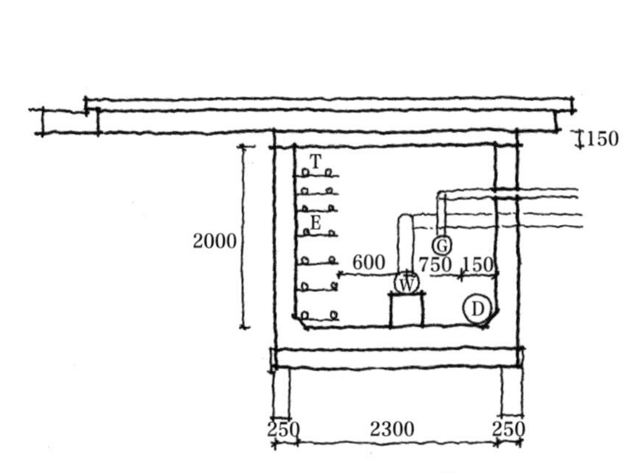

▲ 日本东京银座综合管沟标准断面[②]

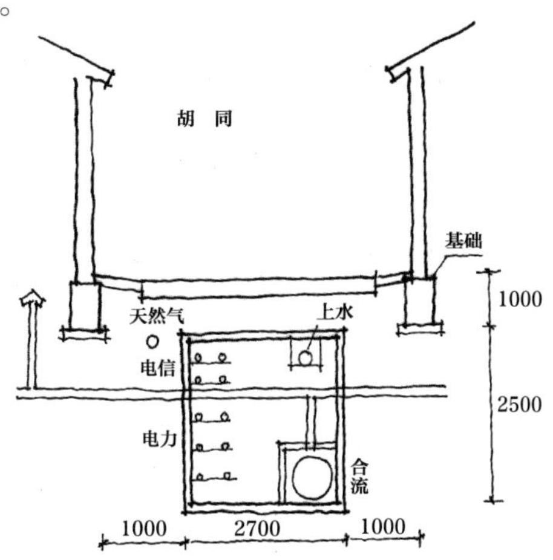

▲ 北京4.7米宽胡同的综合管沟布置方案

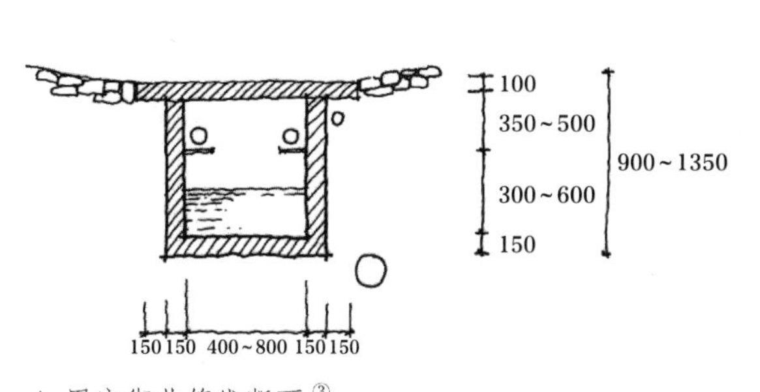

▲ 周庄街巷管线断面[③]

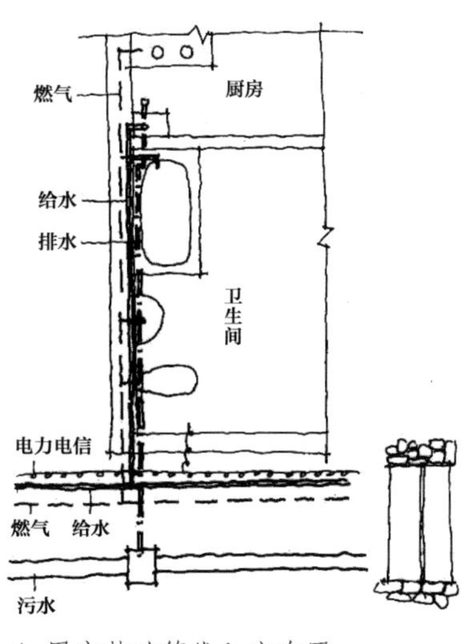

▲ 周庄基础管线入户布置

① 董光器编著，古都北京五十年演变录，东南大学出版社，2006年第一版

② 依《古都北京五十年演变录》绘制

③ 依《名城保护与城市更新》绘制

管线较多的时候可以将多个管线布置在一个管沟内，并预留管线位置，形成综合管沟，这种做法在欧洲和日本都已经应用。4～6米的街巷可设置综合管沟，电信电力布置在一侧，电力在下，电信在上，给水管线在另一侧，排水管线需要独立分离出来做外围措施，燃气管网对设施技术要求高，一般采用直埋方式，比较简便安全。各地保护规划中的做法在此基础上不断增加完善，针对不同级别的街巷和综合管沟形成多种做法。

3.3.2 综合管线布置

由于管线埋深增加，施工过程中必然对街巷两侧建筑基础影响增大，同时由于入地管网系统的内容增加，各设施之间需要保持净距离，造成综合管沟尺寸增大。入地管线的数量和类别直接决定了管沟尺寸，因此要有选择性地对基础设施进行入地改造，并结合具体设施进行适当改善。

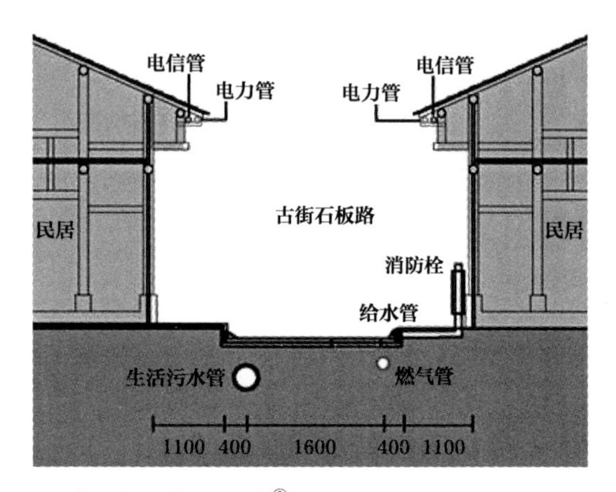

▲ 管线敷设断面示意[①]

给水、电力电信等管线对管径要求较小，对风貌影响小，可优先考虑；排水系统可以充分利用传统院落和街巷中的原有设施，对传统排水设施进行维护修缮，雨水排放应尽量利用地形自排。生活污水收集排放，建议对主街两侧院落优先组织，位于院落群内部的院落，可采用在院内建设小型化粪池形成。

给水系统中，也可针对院落与村中水源的关系，直接采用水井、泉水等设施，减少集中供水管网的敷设。对相对零散的历史院落群，应依据其自身特色来布置基础设施，采用传统基础排水和给水方式会更经济实用。

部分对历史风貌要求不高的街巷中可以将电力、电信网络架空，直接敷设在建筑外墙，但要尽量避免采用电线杆形式。

3.3.3 沿街建筑基础加固

在基础设施入地过程中应同时增设建筑基础，加固安全维护设施，对历史建筑基础进行加固，对承载荷载的土壤进行稳定。综合以上因素，改进对历史建筑基础的保护措施，主要

① 中国建筑设计院城镇规划院历史文化保护规划研究所编制. 四川省泸州市泸县立石镇保护规划（2014-2030）. 2015.

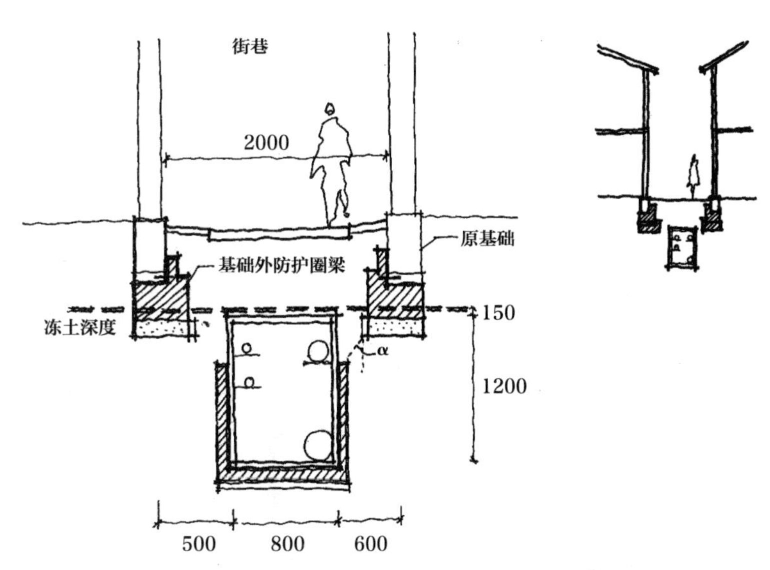

▲ 改进后的狭窄街巷管线布置与历史建筑基础保护断面[①]

方法是在基础外围加设一道基础防护圈，以形成对基础的束缚，并延伸防护圈至基础下部，稳定受荷载土壤，敷设时注意避开基础管网。在加设基础防护圈梁之前，需要在墙体中加设支撑，以卸去对墙体的荷载。[①]

3.4 街巷空间节点与构筑物保护技术

传统街巷通常有过街楼、路亭、牌楼等传统构筑物，并且常成为局部地段的公共活动空间节点，此类设施保护修缮技术主要包含建（构）筑物修缮加固和公共活动空间场地整治技术两方面。

传统街巷建（构）筑物修缮重点是结构加固和维护设施修补，检查评估桥、亭等设施的结构安全性，重点是人们日常接触和倚靠的栏杆等构件，以及设施屋顶、檐口等容易掉落的构件，逐一进行排查加固，加固修缮要求遵循修旧如故的原则，优先采用原材料、原工艺。需要新增加附属安全设施的，要单独增加结构体系。

公共活动空间场地整治中，应预埋排水管道或预留排水沟，用灰土填土清理场地，地面夯实找坡，再铺砌本地材料石材或砖材。如为传统场地整理，应清理场地杂草，平整低洼不平的部分，更换破损地面砖石，增加停靠休息设施。

---

① 沁河中游古村镇传统设施调查研究. 李志新. 北京交通大学. 硕士学位论文.

4 传统设施保护修缮技术小结

历史文化村镇中结合自然条件建造的传统设施，更应以利用自然资源、顺应自然地形地势为基础。在传统设施保护修缮示范技术内容上选取了传统给排水设施和传统道路交通设施，这两大类设施是历史文化名镇内最紧迫需要保护修缮的，也是与居民生活最密切的。

传统给水排水设施的保护修缮既要充分利用自然，又要注重保护自然。顺应地形，通过水渠弯曲环绕降低排水流速，减少对地面的建设破坏；回归自然，采用原生态材料，避免人工合成材料污染环境；采用自然驳岸，保护水源、河道的生态环境和物种多样性。更重要的是对传统设施进行有效保护利用，既减少经济投入又改善环境，减少灾害，保护修缮过程中要进一步进行设施安全评估，只修缮破损和存在安全隐患的部分，不建议一次性全部重修，应妥善保护设施留存的历史信息。

传统交通设施的保护修缮，首先在源头上应通过“分流”来控制流量，减小历史街巷的交通压力，将现代大型交通工具分流到其他机动车道。设施的保护修缮同样以“多清理维护，少重修建设”为主，对传统建设材料应充分利用。

附件二　中国历史文化名镇一览表

省份	数量（个）	批次	名称
北京	1	4	密云县古北口镇
天津	1	4	西青区杨柳青镇
山西	8	1	晋中市灵石县静升镇
		2	吕梁市临县碛口镇
		3	临汾市襄汾县汾城镇
		3	阳泉市平定县娘子关镇
		4	晋城市泽州县大阳镇
		5	大同市天镇县新平堡镇
		5	晋城市阳城县润城镇
		6	泽州县周村镇
河北	8	2	张家口市蔚县暖泉镇
		3	邯郸市永年县广府镇
		4	邯郸市峰峰矿区大社镇
		5	邯郸市涉县固新镇
		5	邯郸市武安市冶陶镇
		4	石家庄市井陉县天长镇
		6	武安市伯延镇
		6	蔚县代王城镇
山东	2	4	淄博市桓台县新城镇
		6	微山县南阳镇
河南	10	2	许昌市禹州市神垕镇
		2	南阳市淅川县荆紫关镇
		3	南阳市社旗县赊店镇
		4	开封市开封县朱仙镇
		4	郑州市惠济区古荥镇
		4	驻马店市确山县竹沟镇
		5	平顶山市郏县冢头镇
		6	遂平县嵖岈山镇
		6	滑县道口镇
		6	光山县白雀园镇

续表

省份	数量（个）	批次	名称
内蒙古	4	4	赤峰市喀喇沁旗王爷府镇
		4	锡林郭勒盟多伦县多伦淖尔镇
		6	丰镇市隆盛庄镇
		6	库伦旗库伦镇
辽宁	4	2	抚顺市新宾满族自治县永陵镇
		4	鞍山市海城市牛庄镇
		6	东港市孤山镇
		6	绥中县前所镇
吉林	2	4	四平市铁东区叶赫镇
		4	吉林市龙潭区乌拉街镇
黑龙江	2	3	牡丹江市海林市横道河子镇
		4	黑河市爱辉区爱辉镇
陕西	7	4	铜川市印台区陈炉镇
		5	宁强县青木川镇
		5	柞水县凤凰镇
		6	神木县高家堡镇
		6	旬阳县蜀河镇
		6	石泉县熨斗镇
		6	澄城县尧头镇
甘肃	7	2	宕昌县哈达铺镇
		3	榆中县青城镇
		3	永登县连城镇
		3	古浪县大靖镇
		4	天水市秦安县陇城镇
		4	临潭县新城镇
		5	榆中县金崖镇

续表

省份	数量（个）	批次	名称
上海	10	2	金山区枫泾镇
		5	金山区张堰镇
		3	青浦区朱家角镇
		4	南汇区新场镇
		4	嘉定区嘉定镇
		5	嘉定区南翔镇
		5	浦东新区高桥镇
		5	青浦区练塘镇
		6	青浦区金泽镇
		6	浦东新区川沙新镇
江苏	27	1	昆山市周庄镇
		1	吴江市同里镇
		1	苏州市吴中区甪直镇
		2	苏州市吴中区木渎镇
		5	苏州市吴中区东山镇
		2	苏州市太仓市沙溪镇
		3	苏州市昆山市千灯镇
		4	苏州市常熟市沙家浜镇
		4	苏州市昆山市锦溪镇
		5	苏州市张家港市凤凰镇
		2	泰州市姜堰市溱潼镇
		2	泰州市泰兴市黄桥镇
		5	泰州市兴化市沙沟镇
		3	南京市高淳县淳溪镇
		3	盐城市东台市安丰镇
		4	扬州市江城市邵伯镇
		4	南通市海门市余东镇
		5	无锡市锡山区荡口镇
		5	无锡市江阴市长泾镇
		6	苏州市吴江区黎里镇
		6	苏州市吴江区震泽镇

续表

省份	数量（个）	批次	名称
江苏	27	6	盐城市东台市富安镇
		6	扬州市江都区大桥镇
		6	常州市新北区孟河
		6	宜兴市周铁镇
		6	如东县栟茶镇
		6	常熟市古里镇
浙江	20	1	嘉兴市嘉善县西塘镇
		1	嘉兴市桐乡市乌镇
		2	湖州市南浔区南浔镇
		2	绍兴市绍兴县安昌镇
		3	绍兴市越城区东浦镇
		2	宁波市江北区慈城镇
		2	宁波市象山县石浦镇
		3	宁波市宁海县前童镇
		3	金华市义乌市佛堂镇
		3	衢州市江山市廿八都镇
		4	台州市仙居县皤滩镇
		4	温州市永嘉县岩头镇
		4	杭州市富阳市龙门阵
		4	湖州市德清县新市镇
		5	丽水市景宁畲族自治县鹤溪镇
		5	嘉兴市海宁市盐官镇
		6	嵊州市崇仁镇
		6	永康市芝英镇
		6	松阳县西屏镇
		6	岱山县东沙镇

续表

省份	数量（个）	批次	名称
安徽	8	3	合肥市肥西县三河镇
		3	六安市金安区毛坦厂镇
		4	黄山市歙县许村镇
		4	黄山市休宁县万安镇
		4	宣城市宣州区水东镇
		6	泾县桃花潭镇
		6	黄山市徽州区西溪南镇
		6	铜陵市郊区大通镇
江西	10	1	景德镇市浮梁县瑶里镇
		3	鹰潭市龙虎山风景区上清镇
		4	上饶市横峰县葛源镇
		5	吉安市青原区福田镇
		6	萍乡市安源区安源镇
		6	铅山县河口镇
		6	广昌县驿前镇
		6	金溪县浒湾镇
		6	吉安县永和镇
		6	铅山县石塘镇
湖南	7	2	龙山县里耶镇
		4	望城县靖港镇
		4	永顺县芙蓉镇
		5	绥宁县寨市镇
		5	泸溪县浦市镇
		6	洞口县高沙镇
		6	花垣县边城镇

续表

省份	数量（个）	批次	名称
湖北	12	2	监利县周老嘴镇
		2	红安县七里坪镇
		3	洪湖市瞿家湾镇
		3	监利县程集镇
		3	郧西县上津镇
		4	咸宁市汀泗桥镇
		4	阳新县龙港镇
		4	宜都市枝城镇
		5	潜江市熊口镇
		6	钟祥市石牌镇
		6	随县安居
		6	麻城市歧亭镇
重庆	18	1	合川县涞滩镇
		1	石柱县西沱镇
		1	潼南县双江镇
		2	渝北区龙兴镇
		2	江津市中山镇
		2	酉阳县龙潭镇
		3	北碚区金刀峡镇
		3	江津市塘河镇
		3	綦江县东溪镇
		4	九龙坡区走马镇
		4	巴南区丰盛镇
		4	铜梁县安居镇
		4	永川区松溉镇
		5	荣昌县路孔镇
		5	江津区白沙镇
		5	巫溪县宁厂镇
		6	开县温泉镇
		6	黔江区濯水镇

续表

省份	数量（个）	批次	名称
四川	24	2	邛崃市平乐镇
		2	大邑县安仁镇
		2	阆中市老观镇
		2	宜宾市翠屏区李庄镇
		3	双流县黄龙溪镇
		3	自贡市沿滩区仙市镇
		3	泸州市合江县尧坝镇
		3	古蔺县太平镇
		4	巴中市巴州区恩阳镇
		4	成都市龙泉驿区洛带镇
		4	大邑县新场镇
		4	广元市元坝区昭化镇
		4	泸州市合江县福宝镇
		4	资中县罗泉镇
		5	屏山县龙华镇
		5	富顺县赵化镇
		5	犍为县清溪镇
		6	自贡市贡井区艾叶镇
		6	自贡市大安区牛佛镇
		6	平昌县白衣镇
		6	古蔺县二郎镇
		6	金堂县五凤镇
		6	宜宾县横江镇
		6	隆昌县云顶镇
贵州	8	2	贵阳市花溪区青岩镇
		2	习水县土城镇
		3	黄平县旧州镇
		3	雷山县西江镇
		4	安顺市西秀区旧州镇
		4	平坝县天龙镇
		6	赤水市大同镇
		6	松桃苗族自治县寨英镇

续表

省份	数量（个）	批次	名称
云南	7	2	禄丰县黑井镇
		3	剑川县沙溪镇
		3	腾冲县和顺镇
		4	孟连县娜允镇
		5	宾川县州城镇
		5	洱源县凤羽镇
		5	蒙自县新安所镇
福建	13	1	龙岩市上杭县古田镇
		2	南平市邵武市和平镇
		4	福州市永泰县嵩口镇
		5	宁德市蕉城区霍童镇
		5	漳州市平和县九峰镇
		5	南平市武夷山市五夫镇
		5	南平市顺昌县元坑镇
		6	永定县湖坑
		6	武平县中山镇
		6	安溪县湖头镇
		6	古田县杉洋镇
		6	屏南县双溪镇
		6	宁化县石壁镇
广东	15	2	广州市番禺区沙湾镇
		2	吴川市吴阳镇
		3	开平市赤坎镇
		3	珠海市唐家湾镇
		3	陆丰市碣石镇
		4	东莞市石龙镇
		4	惠州市惠阳区秋长镇
		4	普宁市洪阳镇

续表

省份	数量（个）	批次	名称
广东	15	5	中山市黄圃镇
		5	大埔县百侯镇
		6	珠海市斗门区斗门镇
		6	佛山市南海区西樵镇
		6	梅县松口镇
		6	大埔县茶阳镇
		6	大埔县三河镇
海南	4	3	三亚市崖城镇
		4	儋州市中和镇
		4	文昌市铺前镇
		4	定安县定城镇
广西	7	2	桂林市灵川县大圩镇
		3	贺州市昭平县黄姚镇
		3	桂林市阳朔县兴坪镇
		6	兴安县界首镇
		6	恭城瑶族自治县恭城镇
		6	贺州市八步区贺街镇
		6	鹿寨县中渡镇
新疆	3	2	鄯善县鲁克沁镇
		3	霍城县惠远镇
		6	富蕴县可可托海镇
青海	1	6	循化撒拉族自治县街子镇
西藏	2	3	乃东县昌珠镇
		4	日喀则市萨迦镇

图书在版编目（CIP）数据

典型地区历史文化名镇传统公用与环境设施调查及传承利用研究／单彦名等编著．—北京：中国建筑工业出版社，2016.5

（历史文化城镇丛书）

ISBN 978-7-112-19389-9

Ⅰ．①典…　Ⅱ．①单…　Ⅲ．①城镇－城市公用设施－环境设计－调查研究　Ⅳ．①TU99②TU984.14

中国版本图书馆CIP数据核字（2016）第087052号

本书调查了我国典型地区历史文化名镇内尚存的传统公用与环境设施，分析了各类设施的基本情况、价值特色、现状问题、保护技术和发展潜力等，最终研究制定了历史文化名镇中多种类型传统公用与环境设施保护利用的关键技术，以实现持续保护的目的。

本书包含三部分内容：典型传统公用设施与环境设施调查分析及适用性评价，传统公用与环境设施的文化传承、功能布局、建造模式研究，以及传统公用与环境设施功能完善与使用功能拓展示范案例。

责任编辑：唐　旭　杨　晓
责任校对：陈晶晶　张　颖

历史文化城镇丛书
典型地区历史文化名镇传统公用与环境设施
调查及传承利用研究
单彦名　赵亮　李志新　高朝暄　等编著

*

中国建筑工业出版社出版、发行（北京西郊百万庄）
各地新华书店、建筑书店经销
北京锋尚制版有限公司制版
北京中科印刷有限公司印刷

*

开本：787×1092毫米　1/16　印张：12　字数：243千字
2016年6月第一版　2016年6月第一次印刷
定价：**88.00**元

ISBN 978－7－112－19389－9
（28502）